青少年励志小品丛书

天赋与勤奋

ENCOURAGEMENT

本书编写组 编

世界图书出版公司
广州·上海·西安·北京

图书在版编目（CIP）数据

天赋与勤奋 /《天赋与勤奋》编写组编. —广州：广东世界图书出版公司，2010.8（2021.11 重印）
ISBN 978-7-5100-2589-1

Ⅰ.①天… Ⅱ.①天… Ⅲ.①故事-作品集-世界 Ⅳ.①I14

中国版本图书馆 CIP 数据核字（2010）第 160421 号

书　　名	天赋与勤奋 TIAN FU YU QIN FEN
编　　者	《天赋与勤奋》编写组
责任编辑	张梦婕
装帧设计	三棵树设计工作组
责任技编	刘上锦　余坤泽
出版发行	世界图书出版有限公司　世界图书出版广东有限公司
地　　址	广州市海珠区新港西路大江冲 25 号
邮　　编	510300
电　　话	020-84451969　84453623
网　　址	http://www.gdst.com.cn
邮　　箱	wpc_gdst@163.com
经　　销	新华书店
印　　刷	三河市人民印务有限公司
开　　本	787mm×1092mm　1/16
印　　张	13
字　　数	160 千字
版　　次	2010 年 8 月第 1 版　2021 年 11 月第 8 次印刷
国际书号	ISBN 978-7-5100-2589-1
定　　价	38.80 元

版权所有　翻印必究

（如有印装错误，请与出版社联系）

前 言

刚出生时，每个人都拥有一定的天赋秉性，而后天的教育与培养，决定着我们能否将生来具有的天赋发挥到最大程度，从而取得成功。鲁迅先生就说过："即使天才，在生下来的时候的第一声啼哭，也和平常的儿童一样，决不会就是一首好诗。"可见每个人都有自己的天赋秉性，只是这天赋能力在后天的诸多因素中有了大小之分。

那些将天赋发挥到极致的人在我们眼里就成了天才，然而，殊不知天才的背后是十倍的努力和汗水。高尔基总结得很棒，他说："天才就是劳动，人的天赋就像火花，它可以熄灭，也可以燃烧起来，而逼它燃烧成熊熊大火的方法只有一个，就是劳动，再劳动。"很多科学家、发明家、艺术家、学者之所以能成功，就在于他们通过不懈的努力与奋斗将自身的天赋发挥到了极致。伟人们不是生而知之的，他们的智慧也都是在勤奋的努力学习和工作中锻炼出来的。因为勤奋，爱因斯坦创立了相对论；因为勤奋，维纳成为了信息论的前驱和控制论的奠基人；因为勤奋，莫扎特创作了许多著名歌剧；因为勤奋，董仲舒成为了令人景仰的儒学大师；因为勤奋，爱迪生有了一千多项伟大发明；因为勤奋，巴尔扎克写下了不朽巨著《人间喜剧》；更是因为勤奋，达·芬奇留下了让世人惊叹的伟大艺术作品《蒙娜丽莎》……伟人们的事迹无一不向我们昭示着一个真理：

天赋加勤奋才最终成就了天才。

不仅如此,即使那些资历平庸的人,因为刻苦努力和不懈追求的精神,也最终取得了令世人瞩目的成就。少年牛顿并不早慧,相反特别贪玩,学习成绩也平平,却在后来的勤奋学习中登上了数学的高峰,发明了二项式定理;高尔基一生不幸,困境却造就了他创作的灵感,写下了自传体三部曲《童年》、《我的大学》、《在人间》;明末清初文学家叶奕绳小时候生性迟钝,记忆力非常差,发奋苦读却让他成了一名学识渊博、文采横溢、擅长戏曲的著名文学家;宋代著名学者陈正之先天智力发育不良,却博览群书,最终以勤补拙,成为了学识渊博的大学者……平凡的人也为我们证明着一条真理:勤能补拙,天才出自勤奋。

天赋只是一个基础,要想建起成功的大厦,必然少不了勤奋的添砖加瓦。本书收集了许多不平凡的人和平凡的人成功的故事,他们的事例无一不证明着一点:无论你智力超常还是资质平平,勤奋是唯一通往成功的捷径。但愿我们的青少年朋友们能从中受到启发,从此开启一条通往成功的路。

编者

目 录

第一辑

天才的"基因"是什么 …………… 1	勤学好问的列宁 …………………… 23
勤奋学习的牛顿 ………………… 3	走上勤奋之路的托尔斯泰 ……… 25
神算少年杨辉 …………………… 4	有始有终才能成功 ……………… 27
天才在于积累，聪明在于勤奋 … 5	巴尔扎克与死神抢时间 ………… 28
天赋＋勤奋＝天才 ……………… 7	十五年没有休息过的柏格森 …… 29
爱迪生蓄电池 …………………… 8	大海边的阿基米得 ……………… 30
孔子的故事 ……………………… 10	坚韧不拔的求职者 ……………… 31
才气就是坚持不懈 ……………… 12	决不背叛自己梦想的艺术家 …… 33
隔篱偷学 ………………………… 13	苏步青刻苦学习的故事 ………… 35
刻苦读书的居里夫人 …………… 15	茅以升苦练记忆力 ……………… 36
给播种者的种子 ………………… 16	歌曲大王舒伯特 ………………… 37
天堂与地狱比邻 ………………… 18	我要吃多少鱼 …………………… 39
白居易问道 ……………………… 21	经常埋头于工作 ………………… 40

第二辑

寻找智慧 ………………………… 41	燃糠自照 ………………………… 42

凿壁偷光	44	周恩来勤奋苦学	70
头悬梁锥刺股	45	张衡观天察地	72
数学神童维纳的年龄	46	齐白石一生勤奋作画	74
好学不倦的富兰克林	47	培养孩子勤奋努力的人格	76
勤奋成大业	50	求学不倦的法布尔	77
奴仆的杰作	51	被1885次拒绝的国际巨星	78
嗜书如命的伟大文学家	53	不为眼睛看不见东西而痛苦	79
达·芬奇画鸡蛋	54	坚持练习打字的母亲	80
生　活	56	徐悲鸿刻苦学画	82
宋濂刻苦求学	57	三年不窥园	84
求知如采金	58	米丘林的梦想	85
刻苦读书　自强不息	59	八倍的辛劳	86
地质力学创始人李四光	62	笨鸟先飞	87
读书破万卷	64	天道酬勤	89
"书呆子"与哥德巴赫猜想	66	龙飞凤舞的背后	90
勤奋的益处	68	站在巨人的肩上	91
点烛读书	69		

第三辑

童第周的座右铭	94	不动笔墨不读书	102
少年苏东坡勤奋学习的故事	95	苦练书法的王羲之	104
只要能学习	97	孔子学琴	105
三多三上	98	做时间的主人	106
鲁迅争分夺秒	100	学无止境	107
积小流成江海	101	伊林少年时代的故事	109

金牌主持人	111	勤奋好学的李大钊	133
五十八岁的状元	113	与一般人无异的癫痫病患者	135
勤奋读书的成仿吾	115	勤奋的斯蒂芬·金	136
勤读"一锥书"	116	时间是怎么来的	138
铁杵磨成针	118	舞蹈皇后苏莎	139
学徒工成了大科学家	119	成功在于坚持	140
朱　洗	120	威尔逊的成功之路	141
李时珍尝百草著书	122	百万的花园	143
朝着目标不懈努力	125	贫穷也是财富	145
神农尝百草	126	勤勤恳恳的史蒂芬	146
独自飞上蓝天的残疾人	127	永远不晚	147
跛腿的舞蹈演员	129	竭尽全力	149
一个创造奇迹的小人物	131	不请自来的见习职员	150
一朵白色的金盏花	132		

第四辑

墙角的金币	152	从困境中走出来的夏内尔	165
神童方仲永	153	霍勒大妈	166
勤能补拙的陈正之	155	勤学的僧一行	169
晚上8点到10点之间	156	推窗习画	171
艺术没有止境	157	从逃学到勤学	173
终生努力的书法家	158	王献之戒骄练字	175
林纾苦读成大器	160	小木块	177
用脚画画的杜兹纳	161	郭沫若苦学成才	179
自学成才的王冕	162	爱学习的雷锋	180

司马迁与《史记》 …………… 182
克雷洛夫50岁学古希腊语 …… 184
一生勤奋的诺贝尔奖获得者
　　达伦 ……………………… 185
博览群书造就的科学家 ……… 186
一位美国妇女的奋起 ………… 187
主宰命运的海伦·凯勒 ……… 188

第101次站起来 ……………… 189
用左脚支撑起的生命 ………… 191
一个自强不息、奋进不止的
　　榜样 ……………………… 194
逆境中孜孜求学的徐向前 …… 196
曾国藩与小偷 ………………… 198
苦练出来的笑脸 ……………… 199

第一辑

亚历山大·汉密尔顿说："有时候人们觉得我的成功是因为天赋，但据我所知，所谓的天赋不过就是努力工作而已。"

◆ 天才的"基因"是什么

  天才必然有着与众不同的特殊基因。这个观点，是为世界上绝大多数专门研究天才的科学家所认可的。美国佛罗里达州州立大学的心理学教授阿里克森博士却根据某个实验推翻了这一观点。

  实验是法国凯恩大学的佐瑞欧·马佐尔博士和其同事共同进行的，实验对象是一位名叫瑞格·盖姆的数学天才。瑞格·盖姆有着超常的计算能力，他能够在数秒内计算出一个10位数的5次根；在同样短的时间里，他还能够计算出一个2位数的9次方；而在被要求将一个整数除以另一个整数时，他能毫不迟疑地讲出精确至小数点后6位数的答案。

  佐瑞欧·马佐尔博士的实验过程，就是在这位数学天才进行计算表演时，对他的大脑活动情况进行精密的检测。通过运用正电子放射层X

线照相术，佐瑞欧·马佐尔发现：与常人相比，瑞格·盖姆在计算表演时的大脑活动部位多了5个。由于可以使用这种额外的记忆区，所以他可以避免发生常人易犯的计算错误。由此看来，所谓天才的"特殊基因"似乎的确是存在的。但现年26岁的瑞格·盖姆并非生来就具备这种超强的计算能力。20岁时，他还是一个与常人没什么两样的普通青年。20岁之后，他接受了一位专家的训练，每天进行4个小时的记忆练习。在短短的6年时间里，原本与常人无异的他便成了人人惊叹的数学天才，这正是"天才"非"天生"的最好证明。

除了上述实验之外，佐瑞欧·马佐尔博士及同事还对瑞格·盖姆进行了他所不熟悉领域的技能测试。结果证明，他根本没有任何不同于常人的表现。

看来，只要经过足够的训练和努力，任何人都可能拥有这种因为"长期工作记忆功能"而产生的天才表现。事实是这样吗？阿里克森博士通过对只能记住7位数字的普通人训练一年，证明了这一点：他们都可以记住长达80～100位的数字。

而匈牙利的拉兹罗·波尔加及其夫人，也用试验证实了这一点——当地的人们普遍认为女子不宜参加激烈的西洋棋比赛，而他们，却把3个经过严格心理训练的女儿培训成了具有世界级水准的西洋棋大师。

"天才的能力不是天生的，"阿里克森教授总结说，"那种貌似天才表现的'长期工作记忆'，是能够通过训练刻意培养的。"

名人箴言

　　天才这个字本来含意极其暧昧，它的定义，决不是所谓"生而知之，不学而能"的。天地间生而知之的人没有。不学而能的人也没有。天才多半由于努力养成。天才多半由于细心养成。

——郭沫若

勤奋学习的牛顿

一谈到近代科学开创者牛顿,人们可能认为他小时候一定是个"神童"、"天才",有着非凡的智力。其实不然,牛顿童年时身体瘦弱,脑袋并不聪明。在家乡读书的时候,很不用功,在班里的学习成绩属于次等。但他的兴趣却很广泛,游戏的本领也比一般儿童高。

牛顿爱好制作机械模型一类的玩意儿,如风车、水车、日晷等等。他曾精心制作了一只水钟,计时较准确,得到了人们的赞许。有时,他玩的方法也很奇特。一天,他做了一盏灯笼挂在风筝尾巴上。当夜幕降临时,点燃的灯笼借风筝上升的力升入空中。发光的灯笼在空中飘动,人们大惊,以为是出现了彗星。尽管如此,因为他学习成绩不好,还是经常受到歧视。

时间对人是一视同仁的,给人以同等的量,但人对时间的利用不同,而所得的知识也大不一样。

牛顿16岁时数学基础还很浅薄,对高深的数学知识还不懂。"知识在于积累,聪明来自学习"。牛顿下决心靠自己的努力攀上数学的高峰。在基础差的情况下,牛顿能正确认识自己,知难而进。他从基础知识、基本公式重新学起,扎扎实实、步步推进。他研究完了欧几里得几何学后,又研究笛卡儿几何学,对比之下觉得欧几里得几何学浅显,便悉心钻研笛氏几何学,直到掌握要领、融会贯通。后来发明了代数二项式定理。对待学习、研究,牛顿总是身体力行,勤勤恳恳。有一天,天刮着大风暴,风撒野似地呼号着,尘土飞扬,迷迷漫漫,使人难以睁眼。牛顿认为这是个准确地研究和计算风力的好机会。于是，便拿着用具，独自在暴风中来回奔走。他跟跟跄跄、吃力地测量着。几次被沙尘迷了眼睛，几次被风吹走了算纸，风几次使他不得不暂停工作，但都没有动摇他求知的欲望。他一遍又一遍地测量，终于求得了正确的数据。他快乐极了，急忙跑回家去，继续进行研究。

有志者事竟成。经过勤奋学习，牛顿为自己的数学高塔打下了深厚的基础。不久，牛顿的数学高塔就建成了，22岁时开创了微分学，23岁时又开创了积分学，为人类数学事业做出了巨大贡献。

牛顿还是个十分谦虚的人，从不自高自大。曾经有人问牛顿："你获得成功的秘诀是什么？"牛顿回答说："假如我有一点微小成就的话，没有其他秘诀，唯有勤奋而已。"

■ 名人箴言

天才不是别的，而是辛劳和勤奋。　　　　　　——比丰

神算少年杨辉

在南宋中宗年间，古城钱塘（今杭州）有一位少年，聪明好学，尤其喜爱数学。但由于当时数学书籍很少，这个少年只能零碎地收集一些民间流传着的算题，并反复研究，从中增长知识。

一天，这个少年无意中听说100多里的郊外有位老秀才，不仅精通算学，而且还珍藏了许多《九章算术》、《孙子算经》等古代数学名作，非常高兴，急忙赶去。

老秀才问明来意后，望了望这位少年，不屑地说："小子不去读圣贤书，要学什么算学？"

但少年仍苦苦哀求，不肯走。老秀才无奈，于是说："好吧，听着！'直田积八百六十四步，只云阔不及长十二步，问长阔共几何？'（用现在的话来说就是：长方形面积等于864平方步，已知它的宽比长少12步，问长和宽的和是多少步？）你回去慢慢算吧，什么时候算出来，什么时候再来。"说完便往椅子上一靠，闭目养起神来，心里却暗暗发笑："小子一定犯难了，这道题老朽才刚刚理出点头绪，即使他懂得算学，一年半载也是算不出来的。"

谁料，正当老秀才闭目思量时，少年说话了："老先生，学生算出来了，长阔共60步。""什么？"老秀才一听，惊奇地从椅子上跳起来，一把夺过少年演算出来的草稿纸瞪大了眼睛看起来："啊，这小子是从哪里学来的？居然用这么简单的方法就算出来了。妙哉！老朽不如。"老秀才转过脸来，对少年夸奖道："神算，神算，怠慢了，请问高姓大名？""学生杨辉，字谦光。"少年恭敬地回答。

在老秀才的指导下，杨辉通读了许多古典数学文献，数学知识得到全面、系统地发展。经过不懈的努力，杨辉终于成了我国古代杰出的数学家，并享有数学"宋元第三杰"之誉。

■名人箴言

　　天才就是无止境刻苦勤奋的能力。　　——卡莱尔

❖ 天才在于积累，聪明在于勤奋

华罗庚一生都在国难中挣扎。他常说他的一生中曾遭遇三大劫难。首先是在他童年时，家贫，失学，患重病，腿残废。第二次劫难是抗日战争期间，孤立闭塞，资料图书缺乏。第三次劫难是"文

化大革命",家被查抄,手稿散失,他被禁止去图书馆,他的助手与学生被分配到外地等。在这等恶劣的环境下,要坚持工作,做出成就,需付出何等努力,需怎样坚强的毅力是可想而知的。

华罗庚善于用几句形象化的语言将深刻的道理说出来。这些语言言简意深,富于哲理,令人难忘。在20世纪50年代,他就提出"天才在于积累,聪明在于勤奋",以教育青年一代勤奋学习。华罗庚虽然聪明过人,却从不提及自己的天分,而把比聪明重要得多的"勤奋"与"积累"作为成功的钥匙,反复教育年青人,要他们学数学做到"拳不离手,曲不离口",经常锻炼自己。

华罗庚从不隐讳自己的弱点,只要能求得学问,他宁肯暴露弱点。在他古稀之年去英国访问时,他把成语"班门弄斧"改成"弄斧必到班门"来鼓励自己。实际上,前一句话是要人隐讳缺点,不要暴露。每到一个大学,是讲别人专长的东西,从而得到帮助呢,还是讲别人不专长的,把讲学变成形式主义走过场?华罗庚选择前者,也就是"弄斧必到班门"。在20世纪50年代,华罗庚在《数论导引》的序言里就把研究数学比作下棋,号召大家找高手下,即与大数学家较量。中国象棋有个规则,就是"观棋不语真君子,落子无悔大丈夫"。1981年,在淮南煤矿的一次演讲中,华罗庚提出:"观棋不语非君子,互相帮助;落子有悔大丈夫,改正缺点。"意思是当你见到别人研究的东西有毛病时,一定要说,另一方面,当你发现自己研究的东西有毛病时,一定要修正。这才是真正的"君子"与"大丈夫"。针对一些人遇到困难就退缩,缺乏坚持到底的精神,华罗庚在给金坛中学写的条幅中写道:"人说不到黄河心不死,我说到了黄河心更坚"。人老了,精力会衰退,这是自然规律。华罗庚深知年龄是不饶人的。1979年在英国时,他说出:"树老易空,人老易松,科学之道,戒之以空,戒之以松,我愿一辈子从实以终。"这也可以说是他以最大的决心向自己的衰老作抗衡的"决心书",以此鞭策自己。华罗庚第二次心肌梗塞发病时,在医院中仍坚持工作,他说:"我的哲学不是生命尽量延长,而是多做工作。"这种顽强的精神直到他生命的最后一刻。

总之,华罗庚的一切论述都贯穿一个精神,就是不断拼搏,不断奋进。

名人箴言

天才在于积累,聪明在于勤奋。勤能补拙是良训,一分辛苦一分才。
——华罗庚

天赋 + 勤奋 = 天才

高斯很早就展现出过人的才华,3岁时他就能指出父亲账册上的错误。但是,他父亲是个"大老粗",认为只有力气才能挣钱,学问这种劳什子对穷人是没有用的。所以,高斯一边读书,还得一边帮父亲干活。

高斯的老师去拜访高斯的父亲,要他让高斯接受更高的教育。但高斯的父亲很固执,认为儿子应该像他一样,做个泥水匠,而且他也没有钱让高斯继续读书。最后的结论是——去找有钱有势的人当高斯的赞助人,尽管他们不知道要上哪里找。经过这次的拜访,高斯被免去了每天晚上织布的工作,每晚和老师讨论数学。但不久之后,老师也没有什么东西可以教高斯了。

1788年高斯不顾父亲的反对进了高等学校。数学老师看了高斯的作业后就允许他不必再上数学课了。

高斯虽然有天赋，但他并没有因此骄傲，反而更加勤奋努力地工作。他对工作的痴迷，到了一种不可思议的程度。当他的妻子病危的时候，他还在书房里埋头工作。女仆突然急急忙忙地跑来找他："先生，如果您不马上过去，就不能见她最后一面了。"高斯回答说："我马上就要结束工作了，叫她等一会，等到我过去。"让人看了既好笑又心酸。其实，高斯不是不爱妻子，不过他最爱自己的工作，把工作看得比什么都重要。

人们一直把高斯的成功归功于他的"天才"，他自己却说："假如别人和我一样深刻、持续地思考数学真理，他们会作出同样的发现。"

名人箴言

形成天才的决定因素应该是勤奋。有几分勤学苦练，天资就能发挥几分。
——郭沫若

❖ 爱迪生蓄电池

一旦确定了目标，爱迪生便把全部的精力投入到工作中去。在他的头脑里，其他事情，包括衣、食、住、行似乎都淡化了，只清晰地留下研究工作。

一天，爱迪生在家里吃饭时，举着刀叉的手突然停在空中，面部表情呆板。他的夫人看惯了他的这种表现，知道他正思考蓄电池的问题，便关切地问："蓄电池'短命'的原因在哪里？"

"毛病出在内脏。要治好它的根，看来要给他开个刀，换器官。"

"不是大家都认为，只能用铅和硫酸吗？"夫人脱口而出。她想了想，对她的丈夫——爱迪生说这种话毫无意义。他不是在许多"不可能"之中创造了奇迹吗？于是，夫人连忙纠正道："世上没有不可能的事，对吗？"

爱迪生被夫人的这番话逗乐了。"是啊，世界上没有什么不可能的事，我一定要攻下这个难关。"爱迪生暗暗地下着决心。

经过反反复复的试验、比较、分析，爱迪生确认病根出在硫酸上。因此治好病根的方案与原来设想的一样：用一种碱性溶液代替酸性溶液——硫酸，然后找一种金属代替铅。当然这种金属应该会与选用的碱性溶液发生化学反应，并能产生电流。

问题看起来很简单，只要选定一种碱性溶液，再找一种合适的金属就行了。然而，做起来却非常困难。

爱迪生和他的助手们夜以继日地做实验。一个春天过去了，又一个春天过去了，苦战了 3 年，爱迪生试用了几千种材料，做了 4 万多次的实验，却依然没有什么收获。这时，一些冷言冷语也向他袭来，可爱迪生并不理会，他对自己的研究充满信心。

有一次，一位不怀好意的记者向他问道：

"请问尊敬的发明家，您花了 3 年时间，做了 4 万多次实验，有些什么收获？"

爱迪生笑了笑说："收获嘛，比较大，我们已经知道有好几千种材料不能用来做蓄电池。"

爱迪生的回答，博得在场的人一片喝彩声。那位记者也被爱迪生坚韧不拔的精神所感动，红着脸为他鼓掌。

正是凭着这种精神，爱迪生将他的试验继续下去。

1904 年，在一个阳光灿烂的日子，爱迪生终于用氢氧化钠（烧碱）溶液代替硫酸，用镍、铁代替铅，制成世界上第一块镍铁碱电池。它的供电时间相当长，在当时可以算是"老寿星"了。

正当助手们欢呼试验成功的时候,爱迪生却十分冷静。他觉得,试验还没有结束,还需要对新型蓄电池的性能做进一步的验证。因此,他没有急着报道这一重大新闻。

为了试验新蓄电池的耐久性和机械强度,他把新电池装配上电动车,并叫司机每天将车开到凸凹不平的路面上跑100英里;他还将蓄电池从四楼高处往下摔来做机械强度实验。

经过严格考验,不断改进,1909年,爱迪生向世人宣布:他已成功地研制成性能良好的镍铁碱电池。

为了纪念爱迪生付出的辛勤劳动,人们管镍铁碱电池叫"爱迪生蓄电池"。

名人箴言

天才是百分之九十九的汗水加百分之一的灵感。

——爱迪生

孔子的故事

少年时代,孔子就很好学。孔子刚刚3岁的时候,母亲就开始教他读书识字,4岁时,他已会念百余字了。

有一天,孔妈妈问孔子:"昨天我教你的字会背了吗?"孔子说:"都记住了。"妈妈说:"那好,明天一早我考考你。"孔子和哥哥睡在一起,这天晚上,他钻入被窝后对哥哥说:"哥哥,妈妈教给你的字都记住了吗?"哥哥道:"都记住了。你呢?"孔子说:"我已经练了很多遍,也许都记住了,可又没有把握,明天一早娘要考我,若有不会的,娘一定非常伤心和难过。不行,我一定要起来再多练几遍。"哥哥被他这种刻苦学习、孝顺母亲的精神所感动,心疼地说:"天气凉了,别起来练了,就在我的肚子上写吧。我能感觉出对错,也好对你写的做个检查!"

于是,小孔子就在哥哥的胸口上写起字来。每写一字,就念出声来。可这声音越来越轻,当他写完最后一个字的时候,声音也听不到了。哥哥验完他的最后一个字,听着他那均匀的呼吸,望着他甜中带笑的睡容,既心疼又爱怜。

第二天一早,在母亲考核时,他一遍通过。母亲惊喜道:"这孩子真神了,前天教了他那么多字,只过了一天,就如此滚瓜烂熟,将来准能干大事啊!"孔子望着母亲欣喜的面容,高兴地笑了。

到了晚年,孔子喜欢读《周易》。春秋时期没有纸,字是写在一片片竹简上的,一部书要用许多竹简,必须用熟牛皮做成的绳子编连在一起。平时卷起来放着,看时就打开来。《周易》文字艰涩,内容隐晦,孔子就翻来覆去地读,这样把编连竹简的牛皮绳子磨断了许多次。即使读到了这样的地步,孔子还是不满意,说:"如果我能多活几年,我就可以多理解些《周易》的文字和内容了。"

这个故事一直流传至今,人们常用"韦编三绝"来形容读书勤奋。

正是靠着"勤奋"二字,孔子成为了我国春秋时期著名的思想家、教育家、政治家,也是我国儒家学说的创始人。他之所以能成为弟子三千、名扬四海的圣人,是和他小时候的刻苦勤奋分不开的,正所谓"天才来自勤奋"。

名人箴言

圣则吾不能,吾学不厌而教不倦也。　　　　——孔子

❖ 才气就是坚持不懈

莫泊桑是法国批判现实主义作家。一生写了近 300 篇短篇小说和 6 部长篇小说，形象而深刻地揭露了资产阶级虚伪、自私的本质。

莫泊桑 13 岁那年，考入了里昂中学。他的老师布耶，是当时著名的巴那斯派诗人。布耶发现莫泊桑颇有文学才能，就把他介绍给福楼拜。

福楼拜是世界闻名的作家，当时在法国享有崇高的声誉。他看了看莫泊桑的作品，冷冷地说："孩子，我不知道你有没有才气。在你带给我的东西里表明你有某些聪明，但是，你永远不要忘记，照布封的说法，才气就是坚持不懈，你得好好努力呀！"

莫泊桑点点头，把福楼拜的话牢牢记在心里。

福楼拜想考一考莫泊桑的观察能力和语言功底。一天，福楼拜带莫泊桑去看一家杂货铺，回来后要莫泊桑写一篇文章，要求所写的货商必须是杂货铺的那个货商，所写的货物只能用一个名词来称呼，只能用一个动词来表达，只能用一个形容词来描绘，并且所用的词，应是别人没有用过甚至是还没有被人发现的。

多苛刻的要求啊！但莫泊桑理解福楼拜的良苦用心，他写了改，改了写，反反复复，努力朝福楼拜提出的要求奋斗着。

在福楼拜的严格要求下，莫泊桑的学业进步很快。后来，他开始写剧本和小说，写完就请福楼拜指点。福楼拜总是指出一大堆缺点。莫泊桑修改后要寄出发表，但是福楼拜总是不同意，并且告诉他，不成熟的作品，不要在刊物上发表。

刚开始，莫泊桑唯命是从，福楼拜不点头，他就把文稿扔在柜子里。慢慢地，文稿竟堆起来有一人多高，莫泊桑开始怀疑：福楼拜是不是在有意压制自己。

一天，莫泊桑闷闷不乐，到果园去散心。他走到一棵小苹果树跟前，只见树上结满了果子，嫩嫩的枝条被压得贴着了地面，再看看两旁的大苹果树，树上虽然也果实累累，但枝条却硬朗朗地支撑着。这给了他一个启示：一个人，在"枝干"未硬朗之前，不宜过早地让他"开花结果"，"根深叶茂"后，是不愁结不出丰硕的"果实"来的。从此，他更加虚心地向福楼拜学习，决心使自己"根深叶茂"起来。

1880年，莫泊桑已经到"而立"之年了。一天，他拿着小说《羊脂球》向福楼拜请教。福楼拜看后拍案叫绝，要他立即寄往刊物上发表。果然，《羊脂球》一面世，立即轰动了法国文坛，莫泊桑顿时成为法国文学界的新闻人物，同时，他也登上了世界文坛。

名人箴言

只要有一种无穷的自信充满了心灵，再凭着坚强的意志和独立不羁的才智，总有一天会成功的。　　　　——莫泊桑

隔篱偷学

贾逵是东汉时期著名的学者。他幼时丧父，母亲又体弱多病，时常需要人照料，因此生活非常艰辛。贾逵的姐姐一个人挑起了家庭的重担，她精心照料母亲，关爱弟弟，家中虽然清贫，却时常充

满着欢声笑语。

贾逵从小就十分聪明、勤奋，他爱刨根问底，爱思考，不达目的绝不罢休。

贾逵家的附近有一个学堂，学堂里传出的琅琅读书声深深吸引着贾逵。他看见其他孩子都去上学，非常羡慕，便央求母亲也让他上学堂读书。躺在病床上的母亲心里十分难过，对贾逵说："孩子啊，咱们家太穷了，没有钱给你交学费，家里的钱都为我治病了，实在是没有办法啊！"说完，母亲便伤心地流下了眼泪。

贾逵的姐姐看到这个情景，便走过来，安慰了母亲一番，然后拉着贾逵走了出来，对他说："弟弟，母亲身体不好，别让她再操心了，我带你去学堂看一看吧。"

姐姐领着贾逵来到学堂外，学堂里又传来了琅琅的读书声。贾逵一听到读书声，便忘却了刚才的烦恼，忙跑了过去。

可是，贾逵只能隔着学堂外面的篱笆往里张望，他踮起脚，伸长脖子，还是无法看到学堂内的情景。

姐姐见状，赶紧跑过来，抱起贾逵。这下，他看见了老师在讲课，学生们正摇头晃脑地跟着老师读书。贾逵高兴极了，也跟着读起来。老师让学生写字，贾逵便用小手在空中比划着学写字。

从此，贾逵天天到学堂外听老师讲课。他个子太小，看不见学堂里的情景，便搬来一块大石头，放在篱笆边上，然后站在大石头上，透过学堂的窗户听课。

有时候，天下大雨或漫天风雪，姐姐便劝贾逵不要出门。可贾逵有很强的求知欲，一天都不肯中断学习。大雪纷飞时，依然披着蓑衣站在篱笆外听课。

几年来，贾逵风雨无阻，从来没有中断过学习。他一回到家中，便把听的内容记录下来。一有时间，就拿着木棍在地上练习写字。

贾逵就在如此艰苦的条件下，勤奋刻苦地学习着。

后来，贾逵终于成为著名的大学者，他的学说被世人称为"贾学"。

名人箴言

天才就是这样，终生劳动，便成天才。　　——门捷列夫

❖ 刻苦读书的居里夫人

居里夫人名叫玛丽，是法国物理学家、化学家。她出生在波兰的一个教师家里。在父母的教育下，玛丽从小就十分爱学习。

玛丽小时候，家里人口多，生活很艰苦。为了补贴家用，她的父母招收了一些寄宿生住在家里。这样一来，玛丽的学习环境就不如以前安静了。但她仍能闹中取静，认真、刻苦地学习。每天晚上，当家里的寄宿生还在玩耍时，玛丽就拿着一本书，悄悄地走到书桌旁坐下，两手托住脸腮，两指塞住耳朵，聚精会神地读书。伙伴们喊她、逗她，她也置之不理，仍继续看自己的书，连眼皮也不抬起来。

一天，玛丽的表姐来了。饭后，玛丽又独自捧着书专心学起来，表姐想让她一起玩游戏，见她不理会，便想出了一个花招捉弄玛丽。她悄悄地搬来一些椅子，在玛丽低头看书时，她把几把椅子叠在一起，堆放成一个一碰就倒的三角塔形，摆在玛丽身后，然后捂着嘴悄悄地躲在一边，准备看玛丽的笑话。谁知玛丽看书入了迷，根本没有发现她的恶作剧，很长时间过去了，她竟没有一点动静。表姐等得不耐烦了，正准备叫她时，玛丽刚好读完了一章书，想站起来

休息一下，一抬头，只听得"哗"的一声，椅子倒下了，砸到玛丽的肩膀上。表姐拍手大笑起来，等着玛丽过来追打她。可玛丽只是轻轻地抚摸着被碰痛的肩膀，无奈地摇了摇头，平静地说了声："真无聊！"又捧着书本，到隔壁屋里读去了。

受母亲的影响，玛丽从小就爱好科学。1891年，她如愿以偿地到拥有许多著名科学家和教授的巴黎大学学习。这位贫穷的波兰姑娘求知欲很强，她上课来得很早，总是坐在教室的第一排，全神贯注地倾听教授讲解。课后不是搞实验，就是上图书馆读书或学习法语。为了抓紧时间学习，她在学校附近租了一个又小又简陋的阁楼。那里夏天闷热，冬天寒冷，也全然不顾。为了节省灯油，她晚上就到附近图书馆看书，图书馆关门后，她再回家点起小煤油灯，一直学习到凌晨两三点钟才睡觉。

1893年她以第一名的成绩从物理系毕业，获物理学硕士学位；次年夏天，又以第二名的成绩在数学系毕业，获得数学硕士学位。玛利取得这样的成绩，正是她从小勤奋读书换来的结果。

名人箴言

在成名的道路上，流的不是汗水而是鲜血，他们的名字不是用笔而是用生命写成的。

——居里夫人

给播种者的种子

明智的人在劳动中找到自己的幸福，而不在家庭、城市、山区或海市蜃楼里寻找幸福，浪费时间。谁在绝望中耽于分析自己的内心，以探究自己痛苦的原因和深度，那就宛如把玫瑰枝插在土壤里又每天去掘它，看它在怎样生长。为培育你心灵的插枝而操心吧，可不要在傍晚或早晨把它挖掘出来，以断定它是否抽出了幸福的幼芽。不懈地用功吧，你会完全忘怀你的幸福。而这，我以生命起誓，正是真正的幸福。

劳动的主要长处在于它本身既是目的也是手段——欢乐在于劳动，而不在于劳动的成果。

生命，是两个永恒之间的一片峡谷，两朵黑云之间的一次闪电。

如果你的两个朋友不和，你不要赶在时间的前面去调解，时间才是医治怨意最好的良药。匆忙连缀起来的维系友爱之情的红线，往往像痊愈之前结疤的伤口。

最高尚的爱是这样的爱，它在消失之前是不让人察觉的。高尚的人不在顺境里向你献上友谊作为你欠下的债务，而在逆境里却向你索还友谊，还要你付出利息。

我爱有某种丑的美，我爱优雅曼妙的风姿，我爱胜过滔滔雄辩的沉默。

我宁可一天十次看到丑，只要其中有闪光、新意和智慧，而不愿在一个月里看见一次灵魂空虚的渺小的美。

急风暴雨强化和激发着感情。在风雨的压迫和摇撼下的植物比在玻璃房里生长、开花的植物更强劲。

对心灵和肉体的一定限度的压迫，能产生并不缺乏崇高思想和见解的潜在力量。如果超过了这个限度，就会产生绝望和冷漠了。而绝望，如果抖落它的冷漠的灰尘，是包含着一种凶恶的、散布死亡的力量的，这种力量既无理智，也无理解力。

有些人赞美历史上的英雄，却模仿他们的劣迹，而不效法他们的优点；由于愚蠢，他们以曲高和寡来解嘲，而以短处作为仿效的榜样。

聪明人不拒绝改变或纠正自己的信念，如果真理要求这样做的话。

■ 名人箴言

地不耕种，再肥沃也长不出果实；人不学习，再聪明也目不识丁。

——西塞罗

◆ 天堂与地狱比邻

本文是美国石油大王写给儿子的一封信，在信中他告诫儿子："如果你视工作为一种乐趣，人生就是天堂；如果你视工作为一种义务，人生就是地狱"。这是积极的人生观，相信每个人看了都会从中受益。

亲爱的约翰：

有一则寓言很有意味，我感触良多。那则寓言说：

在古老的欧洲，有一个人在他死的时候，发现自己来到一个美妙而又能享受一切的地方。他刚踏进那片乐土，就有个看似侍者模样的人走过来问他："先生，您有什么需要吗？在这里您可以拥有一切您想要的，所有的美味佳肴，所有可能的娱乐以及各式各样的消遣，其中不乏妙龄美女，都可以让您尽情享用。"

这个人听了以后，感到有些惊奇，但非常高兴，他暗自窃喜：这不正是我在人世间的梦想吗？一整天他都在品尝所有的佳肴美食，同时尽享美色的滋味。然而，有一天，他却对这一切感到索然乏味了，于是他就对侍者说："我对这一切感到很厌烦，我需要做一些事情。你可以给我找一份工作做吗？"

他没想到，他所得到的回答却是摇头："很抱歉，我的先生，这是我们这里唯一不能为您做的。这里没有工作可以给您。"

这个人非常沮丧，愤怒地挥动着手说："这真是太糟糕了！那我干脆就留在地狱好了！"

"您以为，您在什么地方呢？"那位侍者温和地说。

约翰，这则很富幽默感的寓言，似乎告诉我们：失去工作就等于失去快乐。但是令人遗憾的是，有些人却要在失业之后，才能体会到这一点。这真不幸！

我可以很自豪地说，我从未尝过失业的滋味，这并非我运气好，而在于我从不把工作视为毫无乐趣的苦役，却能从工作中找到无限的快乐。

我初进商界时，时常听说，一个人想爬到高峰需要很多牺牲。然而，岁月流逝，我开始了解到很多正爬向高峰的人，并不是在"付出代价"，他们努力工作是因为他们真正地喜爱工作。任何行业中往上爬的人都是完全投入正在做的事情，且专心致志。衷心喜爱从事的工作，自然也就成功了。

我永远也忘不了我做的第一份工作——簿记员的经历，那时我虽然每天天蒙蒙亮就得去上班，而办公室里点着的鲸油灯又很昏暗，但那份工作从未让我感到枯燥乏味，反而很令我着迷和喜悦，连办公室里的一切繁文缛节都不能让我对它失去热心。而结果是雇主总在不断地为我加薪。

收入只是你工作的副产品，做好你该做的事，出色地完成你该做的事，理想的薪金必然会来。而更为重要的是，我们劳苦的最高报酬，不在于我们所获得的，而在于我们会因此成为什么。那些头脑活跃的人拼命劳作决不是只为了赚钱，使他们工作热情得以持续下去的东西要比只知敛财的欲望更为高尚——他们是在从事一项迷人的事业。

工作是一种态度，它决定了我们快乐与否。同样都是石匠，同样在雕塑石像，如果你问他们："你在这里做什么？"他们中的一个人可能就会说："你看到了嘛，我正在凿石头，凿完这个我就可以回家了。"这种人永远视工作为惩罚，在他嘴里最常吐出的一个字就是"累"。

另一个人可能会说："你看到了嘛，我正在做雕像。这是一份很辛苦的工作，但是酬劳很高。毕竟我有太太和四个孩子，他们需要温饱。"这种人永远视工作为负担，在他嘴里经常吐出的一句话就是"养家糊口"。

第三个人可能会放下锤子，骄傲地指着石雕说："你看到了嘛，我正在做一件艺术品。"这种人永远以工作为荣、工作为乐，在他嘴里最常吐出的一句话是"这个工作很有意义"。

天堂与地狱都由自己建造。如果你赋予工作意义，不论工作大小，你都会感到快乐，自我设定的成绩不论高低，都会使人对工作产生乐趣。如果你不喜欢做的话，任何简单的事都会变得困难、无趣，当你叫喊着这个工作很累人时，即使你不卖力气，你也会感到精疲力竭，反之就大不相同。事情往往就是这样。

约翰，如果你视工作为一种乐趣，人生就是天堂；如果你视工作为一种义务，人生就是地狱。检视一下你的工作态度，那会让我们都感觉愉快。

爱你的父亲

■ 名人箴言

即使天才，在生下来的时候第一声啼哭，也和平常的儿童一样，决不会就是一首好诗。　　　　　　——鲁迅

白居易问道

白居易，这是一个在中国乃至世界诗坛如雷贯耳的名字。

白居易年幼时身体娇弱，却是个聪明绝顶的神童。长到半岁时，妈妈时常抱着他到屏风前，教他念字看画。生下来六七个月时，小居易就会认"之"和"无"两个字了，这在当时被传为奇闻。

白居易的祖父白湟、父亲白季庚及外祖父都是诗人，在这种良好的家庭背景下，白居易读书更为刻苦。在良好的教育下，白居易五六岁便开始学写诗，9岁通音律（即音乐），10岁能解读诗书。

后来回忆起青少年时代的求学情景，白居易撰文说："昼课赋，夜课书，间又课诗，不遑寝息矣，以至于口舌生疮，手肘成胝。"这句话的意思是，小居易白天要去学堂上学，晚上回家还得温习书本上的知识。有了空闲的时间，就在祖父和父亲的教导下作诗，如此刻苦地学习，以至于都要挤出时间才能休息。这样，导致了他身体经常生病，不仅口舌生疮，而且手和胳膊上也长了厚厚的一层茧子。这些刻苦的求学经历，造就了白居易这位杰出的伟大诗人。

在白居易12岁那年，河南一带发生战争，父亲便送儿子到越中（今天的江浙一带）避乱。从此，白居易就离开了故乡，开始了四处漂泊的生活，也因此打开了他四处求学的大门。

年轻时候的白居易虽然已经小有名气，但他依然很好学。他经常到处求教学问。奇怪的是，他每次遇到高人学上几天之后，就觉得师父的学问并不像传闻中的那样高深，于是就离开这位师父去寻找知识更为渊博的人。就这样，他请教过的高人换了一个又一个，但仍然不能满足他强烈的求知欲。

有一天，白居易听说千里之外有一位得道的禅师，学问非常高深。于是，他立刻收拾行李，一路上风餐露宿，不惜千里跋涉去求见。谁知，禅师在静心修养的时候很少会客，偶尔会出来会见一些有缘人，为他们指点心中的迷津。

为了解开心中的疑惑，白居易决定在附近住下来，一直到禅师会见他为止。就这样过了一天又一天，白居易依然没有放弃，等待着禅师的会见。

这一等，就等了大半年。

有一天，忽然有人通知他，禅师终于肯会客了。白居易喜出望外地进了寺庙。好不容易见到了禅师，他便虚心地问："师父，我一直在向人求教如何才能学到更深的学问，可是我一直都没有找到。这是为什么呢？"

老禅师淡然地看着他，没有直接回答白居易的问题，反问他："你知道一个人怎样才能得道吗？请告诉我如何才能得道？"

白居易想了想，还是没有答案，只好恭敬地说："请禅师为弟子解惑。"

禅师缓缓说道："诸恶莫做，众善奉行。"

白居易不解地说："这个道理就连三岁小孩也知道呀，怎么能说是道呢？"

禅师微笑了一下回答道："虽然三岁小孩也知道，但八十岁的老翁也难奉行啊！这就是道啊，它和你找的学问是一个道理呀。你明白了吗？"

■ 名人箴言

　　古往今来，凡成就事业，对人类有所作为的，无不是脚踏实地，艰苦登攀的结果。　　　　　　——钱三强

❖ 勤学好问的列宁

伟大的无产阶级革命导师列宁，从小就是一个学习成绩优秀的孩子。想必大家都听过砸花瓶的故事，他不仅是个诚实、敢于认错的人，在学习上他也同样诚实，从小就养成了不懂就问的好习惯。

列宁在学校里，每门功课都学得很好。老师讲课时，他认真听；老师留的作业，他认真做。做完学校的功课，列宁还会读很多课外书，他常常把书里的故事讲给周围的小朋友听。有人问小列宁读书成绩优异的秘诀是什么，他说："没有什么秘诀，读书是我喜欢做的一件事，而且遇到不懂的问题我一定要搞明白。"

列宁就是这样一个勤学好问的人。有一次，列宁和几个小朋友在外面玩。他们有的拿着小铲子，有的拿着小桶，这里铲铲，那里挖挖，还不时地给小树们浇点水，玩得不亦乐乎。

忽然，其中的一个小朋友忽然大喊起来："你们快来看，我挖到了什么东西呀？"小朋友们一窝蜂似的朝发话的小朋友跑去。原来这个小朋友挖到了一个屎壳郎的窝，里面还有很多圆圆的粪球。

"为什么会有这么多的粪球啊？"忽然有个小朋友问道。

"肯定是屎壳郎把粪球带到窝里去了呗。"

"真是奇怪哦，屎壳郎为什么要把粪球带到窝里去呢？"

小朋友们开始了七嘴八舌的讨论，问题和回答也稀奇古怪的。可是，这个问题大家一下子都回答不上来了。于是，旁边的一个小朋友问列宁："列宁，你的学习很好，你不是也经常看一些课外书吗？你给咱们说说为什么屎壳郎会把粪球带到窝里去呢？"

"让我来想想吧。"列宁挠挠头说。可是想了好久，又观察了半天，列宁还是没有想明白为什么屎壳郎会把粪球带到自己的窝里去。这个问题真是把小列宁给难住了。不过，列宁还是没有在问题面前退缩。他告诉小朋友们，三天以后给他们解开谜团。

一路小跑回家的列宁，找到哥哥后向他求助。可是哥哥想了半天，也想不出来究竟是什么原因。于是，哥哥就建议列宁去找找家里的书，看看是否能从书上得到答案。小列宁翻遍了家里所有的书后，发现藏书大都是成年人看的，根本没有他要找的相关知识。

但是，小列宁并不灰心。第二天，他一大早就跑到了图书馆。在那里待了整整一个上午，在查阅了好多书籍后，终于在其中的一本中找到了他所需要的答案。

第三天，小列宁按时为大家带来了详细的答案：屎壳郎学名蜣螂，是甲壳类昆虫，主要以动物的粪便为食，有着"自然界清道夫"的称号。屎壳郎为什么会把粪球带到窝里去呢？小列宁继续为大家解释道，原来是屎壳郎把卵产在了粪球上，幼虫孵出来以后，就可以把粪球当成食物吃掉了。

小列宁的答案，不仅为小朋友们解答了他们心中的疑问，而且也告诉了他们许多还没有想到的问题。屎壳郎问题得到圆满解答，小朋友们脸上都露出了开心的微笑。

名人箴言

我们一定要给自己提出这样的任务：第一，学习，第二是学习，第三还是学习。　　　　　　　　　　　——列宁

走上勤奋之路的托尔斯泰

托尔斯泰是俄国伟大的文学家，他的作品，如《战争与和平》、《安娜·卡列尼娜》等都是世界文学宝库中不朽的名著。

这么一个伟大的人物，并不是一开始就勤奋向上的，在他青年时期，曾经有过一段放荡的生活。他不好好读书，赌博、借债、鬼混，足有一年的时间是在不务正业中度过的。

托尔斯泰出身于贵族，每天过着奢华的上流社会的生活。但不久，他就厌倦了这种生活，对自己的现状十分不满。他认为，自己的放荡行为无异于禽兽。他又把自己堕落的原因详细地找寻出来，写在日记本上，计有8点：①缺乏刚毅力；②自己欺骗自己；③有少年轻浮之风；④不谦逊；⑤脾气太暴躁；⑥生活太放纵；⑦模仿性太强；⑧缺乏反省。经过这一次反省，好像当头棒喝，他决心结束放荡的生活。他跟着哥哥尼古拉来到高加索，在炮兵队里当了一名下级军官，并迈步走上了文学创作之路。

托尔斯泰一走上文学之路，就表现出了他伟大的文学天赋，可是托尔斯泰之所以能成才，主要还得益于他的勤奋。

在托尔斯泰写《战争与和平》时，当他写到俄法双方在鲍罗京诺会战的这段文字时，总感到描写得很抽象，不具体。最后他长叹一声，说："关在屋子里是不行的，我要去战场上亲自考察一番！"

托尔斯泰果真到了鲍罗京诺。他仔细地巡视了这个历史战场的一切遗迹，把它的地形面貌牢牢地记在心里，还特地画了一幅画，画上一条地平线和许多树林，标明每个村庄、河道的名称，以及当年会战时太阳移动的方向等等。经过实地调查，他心里有底了。回到家里，又把自己观察到的一切鲜明具体的印象同历史文献上记载的材料联系起来分析研究，直到一切都清楚明白，他才坐在桌边，划去以前那段描写，重新写起。他写得不仅具体、生动，而且色调明朗、壮观。他自己默读了一遍，嘴角浮上了微笑。

托尔斯泰写作最追求真实。

在他读完《复活》的初稿时，不禁眉心皱起了个疙瘩。他对卡丘莎的结局很不满意。初稿中是这样描写的：贵族老爷聂赫留朵夫的忏悔，使卡丘莎深为感动，于是她不念旧恶，欣然与聂赫留朵夫结了婚，并双双移居国外，建立了幸福美满的家庭。

"这怎么可能呢？"

"一切都虚假、杜撰、拙劣。"

托尔斯泰意识到自己这样安排太蹩脚了，这样大团圆的结局，是违背生活真实的。于是他推翻了原稿，重新精心构思，决意要为卡丘莎"物色"一个合适的对象。最后将作品改为：在流放西伯利亚的过程中，卡丘莎在思想上、道德上都逐渐成熟起来了。她拒绝了聂赫留朵夫的求婚，而与政治犯西蒙相爱。这一改动，不仅使作品更符合生活真实，而且使主题更为深刻、鲜明。

托尔斯泰改作品总是不厌其烦。

在创作《婀娜小传》时，首先是在报纸发表，他亲自校对报纸底样，一边看，一边改。开始是在报纸边上加各种符号，删削句子等，接着又改字、改句，后来索性大加增删，到最后，底样成了大花脸，不可辨认了。幸好他的夫人能够辨认他的字迹，就连夜替他誊清。第二天一早，她把抄写得整整齐齐的稿子放在桌子上，等待托尔斯泰送到邮局去。这时，托尔斯泰拿起稿件走到书房，准备再看"最后一遍"，可是，他又不由自主地改起来，而且改得比第一次还要乱,他的夫人只好又替他抄一遍。托尔斯泰不安地向夫人道歉说:"真对不起,我又把你抄的稿子弄脏了,我再也不改了,明天一定发出去。"谁知明天之后又有明天,有时甚至延至数星期或数月。他总是说:"还有一处要再看一下。"接着又把稿子都拿去改。有时,稿子已经发出去,他忽然想到要改几个字,就又打电话去吩咐报馆替他改过来。

托尔斯泰就是这样在勤奋中完成自己的所有作品的,最终成为了享誉世界的文学大家。

名人箴言

劳动能唤起人的创造力。　　　　　　　　　——托尔斯泰

❖ 有始有终才能成功

古希腊著名的哲学家苏格拉底曾经在中学当教师,有一天,他对班里的同学说,我们来做个甩手的游戏吧。游戏很简单,就是把手使劲往前甩300下,再往后甩300下,但要求每天都这么做。同学们纷纷觉得这个游戏容易,保证能做好。一个星期以后,苏格拉底问同学们游戏完成得怎么样?同学们全部举起了手。一个月以后,苏格拉底再次向大家了解情况时,全班仍有90%的同学坚持做游戏。一年以后,当苏格拉底在课堂上再次调查时,只有一个同学举起了手,他就是接下来成为大哲学家的亚里士多德。亚里士多德在自己的学习生活中,凭着这种持之以恒的精神,自觉锻炼自己的意志,终于在哲学领域取得了前所未有的成就,其哲学思想直到现在仍然闪耀着智慧的光芒。

这个甩手游戏从动作上看似很简单，但要每天坚持，却是一件不容易的事，需要持之以恒的精神。这个故事告诉我们，做事情要有始有终，不能半途而废。人们常说，在科学道路上没有平坦的大道，只有敢于在崎岖的小路上不断攀登的人，才能到达希望的顶点。让我们认准自己努力的目标，不断地鼓励自己，这样我们就会体验到成功的喜悦和收获的快乐。

■名人箴言

告诉你使我达到目标的奥秘吧，我唯一的力量就是我的坚持精神！

——巴斯德

❖ 巴尔扎克与死神抢时间

1850年的秋天，51岁的巴尔扎克自我感觉这次心脏病是大发作了，他不得不问医生，他还能活多久，活半年可以吧？只见医生摇摇头。

"6星期如何？"巴尔扎克又问。医生还是摇摇头。

"至少6天总可以吧？我还可以写个提纲，还可以把已经出版的50卷校订一下。"巴尔扎克急着说。医生的回答是："你还是马上写遗嘱吧。"

巴尔扎克把医生的劝告扔在一边，还像往日那样生活和写作：深夜十二点，他点起蜡烛，开始写作，一直写到旭日东升。早上八点，他休息一会儿，洗个澡，接着就处理日常事务。九点钟，他又开始写作，一直干到下午五点钟。晚上八点钟他才上床睡觉，可是，才睡了4个小时，他就起床，又开始了新的一天的生活和写作……

巴尔扎克就这样每天工作 12～14 个小时，持续了 20 几年的写作生活。当他离开人世的时候，他留下的是他写的由 96 部中长篇小说组成的雄伟史诗——《人间喜剧》。

■名人箴言

伟大的人物都是走过了荒沙大漠，才登上光荣的高峰。

——巴尔扎克

◆ 十五年没有休息过的柏格森

柏格森是 1927 年诺贝尔文学奖获得者。师范学院毕业后他从事教学工作，在教学的同时，他花了大量的时间阅读古今各种哲学著作，并不断思索，进行自己的哲学研究。几年的时间里，他完成了《论意识的即时性》及其他论文，他的学说——"柏格森主义"开始逐渐形成。

长期的研究和繁多的工作使柏格森感到极度疲劳。他曾经对朋友说："近 15 年来，我从来没有真正休息过一天或半天。"

66 岁时，柏格森瘫痪了。后来病情严重，柏格森不得不辞去工作。为了继续自己的研究事业，他与病魔顽强地搏斗着。他坐在写字台前，为了防止跌下来，必须像婴儿一样被系在椅子上。他的动作十分困难，连吃一顿饭都得需要几个小时。然而即使这样，柏格森也从不放弃写作。晚年，他决定不再像以前那样先拟出提纲，而是直接着手写正文。他的右手几乎僵硬，但他还是坚持完成了最后一部著作。

名人箴言

　　人的天才只是火花，要想使它成为熊熊火焰，那就只有学习！学习！！！

　　　　　　　　　　　　　　　　　　　　——高尔基

◆ 大海边的阿基米得

　　阿基米得11岁那年，离开了父母，来到了古希腊最大的城市之一的亚历山大里亚求学。当时的亚历山大里亚是世界闻名的贸易和文化交流中心，城中图书馆异常丰富的藏书，深深地吸引着如饥似渴的阿基米得。

　　当时的书是订在一张张的羊皮上的，也有用莎草茎剖成薄片压平后当作纸，订成后粘成一大张再卷在圆木棍上。那时没有发明印刷术，书是一个字一个字抄写成的，十分宝贵。阿基米得没有纸笔，就把书本上学到的定理和公式，一点一点地牢记在脑子里。阿基米得攻读的是数学，需要画图形、推导公式、进行演算。没有纸，就用小树枝当笔，把大地当纸，因为地面太硬，写上去的字迹看不清楚。阿基米得苦想了几天，又发明了一种"纸"，他把炉灰扒出来，均匀地铺在地面上，然后在上面演算。可是有时天公不作美，风一刮，这种"纸"就飞了。

　　一天，阿基米得来到海滨散步，他一边走一边思考着数学问题。无边无垠的沙滩，细密而柔软的沙粒平平整整地铺展在脚下，又伸向远方。他习惯地蹲下来，顺手捡起一个贝壳，便在沙滩上演算起来，这种方法又好又便捷。回到住地，阿基米得十分兴奋地告诉他的朋友们说："沙滩，我发现沙滩是最好的学习场所，它是那么广阔，又是那么安静，你的思想可以飞翔到很远的地方，就像是飞翔在海面上的海鸥一样。"神奇的沙滩、博大的海洋，给人智慧，给人力量。打那以后，阿基米得喜欢在海滩上徜徉徘徊，进行思考和学习，从求学的少年时代开始一直保持到生命的最后一息。

公元前212年，罗马军队攻占了阿基米得的家乡叙拉古城。当时，已75岁高龄的阿基米得正在沙滩上聚精会神地演算数学，对于敌军的入侵竟丝毫未觉察。当罗马士兵拔出剑来要杀他的时候，阿基米得安静地说："给我留下一些时间，让我把这道还没有解答完的题做完，免得将来给世界留下一道尚未证完的难题。"

由于阿基米得孜孜不倦、刻苦钻研，终于成为古希腊伟大的数学家、物理学家、天文学家和发明家，后人将他与牛顿、欧拉、高斯并称为"数坛四杰"，人们甚至称他为"数学之神"。

名人箴言

科学的灵感，决不是坐等可以等来的。如果说，科学上的发现有什么偶然的机遇的话，那么这种"偶然的机遇"只能给那些有素养的人，给那些善于独立思考的人，给那些具有锲而不舍的精神的人，而不会给懒汉。——华罗庚

❖ 坚韧不拔的求职者

"在我的人生字典里，永远没有'失败'一词，因为每一次失败是我弥补某种不足的一次机会。"日本松下电器公司总裁松下幸之助对他的下属这样说道。

在松下幸之助年轻的时候，因为家境贫寒，他不得不外出打工

挣钱谋生，这也养成了他坚韧不拔、吃苦耐劳的个性。有一次，他按报纸招聘广告到一家电器工厂去谋职，又瘦又矮的松下向工厂人事主管介绍一番自己的情况后，请求道："请给我一份工作做吧，哪怕是最危险、最低微的工作。"

人事主管瞧瞧其貌不扬的松下幸之助，根本不想聘用他，便对他说："真不凑巧，我们刚刚聘用了一位。要不，你过一个月后再来看看。"

一个月后，松下幸之助真的准时出现在这位主管面前，这位主管心里在嘲笑松下：从未见过这种不懂领会辞退话的傻老冒，不妨随便打发他走人。于是，这位主管对松下说："年轻人，你总是不凑巧，我们的老板出去开会了，得过两三天才能回来。"

到了第三天，松下幸之助又来了，这次这位主管真的有点不耐烦了，直接说出不想聘用他的原因："瞧你穿的，这样破旧是进不了我们厂的！"

松下什么话也没说，下午就去借钱买了一套新衣服穿上，找到那位主管说："你看现在我够条件吗？"

主管打量他一下，说："从你的履历介绍，看不出你有任何有关电器的知识，我们厂是从不用这种人的。"

"没关系，我不会但我会学，一个月以后见！"松下说完，果真回去自学了一个月的电器知识，又跑来找那位人事主管。

这位主管说："一个月能学到什么知识呢？"

松下说："一个月不行，我用两个月，两个月不行，我用三个月……"

话未说完，这位人事主管再也坐不下去了，他拉起松下的手说："你是我遇到过的最有韧性的求职者，我已被你打败，从今天起，你来工厂上班吧。"

松下幸之助凭着自己坚韧不拔的毅力终于谋得一份工作，并靠这种精神走向了日后的成功。

名人箴言

如果你有智慧，请奉献你的智慧；如果你没有智慧，请奉献你的汗水；如果两者你都没有，就请你离开公司。

——松下幸之助

◆ 决不背叛自己梦想的艺术家

奥地利著名作曲家莫扎特虽然有着非凡的音乐才能，但是，随着年龄的增长，作品的日益成熟，等待着他的却是贫困和压迫。他那些严肃的、带有进步思想的作品，越来越不为追求浮华的贵族们所接受。22岁以前，莫扎特两次旅行求职，都没有成功，不得不返回萨尔斯堡当宫廷乐师。

新任的萨尔斯堡大公十分专横，音乐家在他的眼里连厨师的地位都不如。他给莫扎特规定了两条：一、不准到任何地方去演出；二、没有主教允许不得离开萨尔斯堡。每天清晨，他让莫扎特和其他仆人一起坐在走廊里等待分派当天的工作，并把莫扎特当作杂役使用。

1780年，无法在家乡忍受屈辱生活的莫扎特来到了维也纳，开始了他一生中音乐创作最辉煌的时期。他虽获得了自由，但接踵而来的便是贫困。为此，他工作十分勤奋，每天很早起床作曲，白天当家庭教师，晚上是繁重的演出活动，回来后再接着创作乐曲，直写到手累得拿不起笔为止。

26岁的莫扎特成家之后，生活依然非常贫困。有了子女之后，更是难以糊口，全家生活在饥寒交迫之中。为了改变这种处境，莫扎特经常饿着肚子，拖着疲惫的身躯举行长时间、超负荷的音乐演奏会，只要挣了一点钱，他总迫不及待地买些食物，急匆匆地赶回家去，让全家人吃上一顿饱饭。看着自己幼小的孩子和孱弱的妻子吃饭时狼吞虎咽的样子，莫扎特多少次难禁热泪，他叩问上天，为什么在追求梦想的过程中，要付出如此沉重的代价？

很多时候，贵族们也会慷慨地施舍一些财物给莫扎特，但是他们的施舍是有目的的，他们希望听到莫扎特为他们演奏歌舞升平的靡靡之音，可是莫扎特没有妥协，他深信：真正的音乐应代表人民的心声，即使饿死，他也决不背叛自己的梦想！

虚荣心得不到满足的贵族们于是恼羞成怒，他们讥笑说："你个穷小子也有梦想？哼，梦想救不了你，总有一天，你会饿着肚皮来乞求我们的施舍！"

在这样的逆境中，莫扎特仍不丧失高尚的情操。他鄙视那些仰人鼻息的乐匠，始终坚持自己的艺术思想。正是在他生活最困苦的时期，他创作了《费加罗的婚礼》、《唐·璜》、《魔笛》等著名的歌剧。

名人箴言

在艺术上我绝不是一个天才。为了探求精深的艺术技巧，我曾在苦海中沉浮，渐渐从混沌中看到光明。苍天没有给我什么独得之厚，我的每一步前进，都付出了通宵达旦的艰苦劳动和霜晨雨夜的冥思苦想。

——范曾

◆ 苏步青刻苦学习的故事

苏步青是我国著名数学家、学者，曾任复旦大学名誉校长。他出生于贫苦的农民家庭，从小就在地里劳动：放牛、割草、犁田，什么都干。那时他想，这辈子肯定没有读书的机会了。

恰好，村里一户有钱人请了家庭教师，教他的公子读书。苏步青有空，就在窗外听听，随手写写画画。想不到，那位公子没学好，苏步青却因此学到不少知识。他的叔叔见他这么想学习，便拿出钱，说服苏步青的爸爸，把他送到百里之外的一所小学去读书。

在小学的第一个学期，苏步青考了个倒数第一名，老师把他叫到办公室，热忱地鼓励他。这使苏步青大受感动，决心发愤图强。真下了决心，情况就不一样了，从第二学期起一直到大学毕业，他每学期都考第一。

苏步青是抓紧时间、勤奋学习的典范。他从小学起，就抓紧时间读了好多好书。进初中后，他的第一篇作文交上去，教师一看，那写作方法，很像是古代著名的《左传》的写法，便怀疑这是不是苏步青自己写的。上课时，老师要考考他，随便点了《左传》上的一篇文章，要他说说写的是什么。不料，他立即一字不错地把那篇文章背给老师听。这使老师和同学们大吃一惊：原来，他读《左传》读得能够背出来了！

▌名人箴言

惜时、专心、苦读是做学问的一个好方法。

——蔡尚思

茅以升苦练记忆力

茅以升是我国第一位著名桥梁专家。他从小酷爱读书，善于读书。许多人惊羡他神奇的记忆力，殊不知这是靠他勤奋的背诵锻炼出来的。

为了锻炼记忆力。茅以升每天早上就站在河边背诵古诗、古文。河面上，风帆往来，渔歌阵阵，他能视而不见，听而不闻，完全沉浸在自己所需要的知识海洋里。天长日久，他不仅背熟了许多古诗、古文。而且有效地增强了记忆力。一天，他爷爷用毛笔抄写古文，茅以升站在一旁默记。等爷爷搁下毛笔，他竟然把一篇《京都赋》一字不漏地背了出来。

茅以升不仅背诵古诗、古文，而且还不畏枯燥，背诵那些抽象的数字。一次，他看到有篇文章把圆周率的近似值写到小数点后面100位，就决定背诵这些枯燥的数字来锻炼记忆力。于是，他一节一节地来记这一长串数字：14、15、92、65、35、89、79、32、38、46、26、43、38……尽管很难记，但从小数点后十几位，到几十位，直到100位，他硬是熟练地背了下来。在他八十高寿时，他还能奇迹般地背诵少年时代记下的这100位数字。

名人箴言

人的大脑和肢体一样，多用则灵，不用则废。

——茅以升

◆ 歌曲大王舒伯特

奥地利作曲家舒伯特是 18 世纪末 19 世纪初浪漫主义音乐的代表人物，在其短暂的一生中，创作了 1000 多首音乐作品，后人称他为"歌曲大王"。

舒伯特生于维也纳近郊的一个教师家庭，8 岁开始随父兄学习提琴与钢琴。11 岁时，他被送到免费寄宿的神学院充当童声合唱团的歌童。歌童的生活非常单调，不管春夏秋冬总是练琴、作曲，且生活艰苦，早餐到晚餐相隔 8 个小时。他在这家神学院呆了 5 年时间。后来舒伯特称之为"牢狱般"的生活。

舒伯特创作非常努力，他 15 岁时就写出了第一部交响曲和 100 多首歌曲。

21 岁时，他只身到了维也纳。在那里，他没有工作，没有亲人，没有关怀与温暖，过着乞丐般的生活。为了糊口，他当了家庭音乐教师，收入极少。他和朋友租了一个很简陋的房子。白天朋友出去上班时，他就自己一人在小屋里作曲。当时的稿酬很少，每首歌曲只值两毛钱，虽然他把许多歌曲送到出版商那里，且常有不朽的作品问世，但他却连温饱问题都解决不了，有时连买五线谱稿纸都有些困难。

有一次，他和朋友在小饭馆吃饭，突然来了创作的灵感，心中涌现一个动人的旋律，他冲他朋友说道："很好的旋律出来了，没有五线谱怎么办？"朋友就将饭馆的菜单翻过来画了五条线递给他。舒伯特一口气便写成了一首歌曲，这便是著名的《听！听！云雀》。

还有一次，舒伯特又冷又饿，却已身无分文。没有办法，他硬着头皮走进了一家饭馆，坐下来在菜谱上作了一首曲子。饭馆老板以为他是一个要饭的，想赶他走，后来看到乐谱，知道他是一位作曲家。于是，老板收下了乐谱，给了舒伯特一盘土豆。这首乐曲就是闻名于世的《摇篮曲》。许多年后，饭馆老板在巴黎拍卖这首乐曲时，售价高达4万法郎，而当时却只值一盘土豆的价钱。

　　按理说，作曲家应该有自己的钢琴，但舒伯特没有——他甚至连一把小提琴都没有。他的一位画家朋友同情他，答应让他到自己家里弹钢琴。但画家工作也很忙，不能总被打搅。于是，两人商定，当画家家里白色窗帘挂起来时，就表示他可以进去弹钢琴。有一次，画家家里的白窗帘一连几天都没有挂起来，他只好在窗外面不停地徘徊，非常渴望把心里的情感在钢琴上宣泄出来。终于，他看到了朋友家的白窗帘在风中飘舞，他急匆匆地推开朋友家的门，坐到钢琴边不顾一切地弹了起来。其实，这只是风大吹动了白色窗帘而已，而画家正在家里作画，他的琴声打断了朋友的工作，招来朋友的责备，而他竟然没有听到。

　　现在，舒伯特的许多作品已成为世界人民的宝贵财富，像《小夜曲》、《摇篮曲》、《魔王》、《圣母颂》、《野玫瑰》等歌曲，以及声乐套曲《美丽的磨坊女》、《冬日的旅行》等已成为古典音乐中的经典作品。另外，他的B小调《未完成交响曲》、《第八交响曲》等器乐曲，至今还经常在世界音乐舞台上被演奏。

名人箴言

　　灵感不过是"顽强的劳动而获得的奖赏"。　　——列宾

◆ 我要吃多少鱼

美国著名作家马克·吐温由商人转向文学创作之后，才华迅速展露了出来，并因一本《跳蛙》而声名鹊起，一下子由原来的穷困潦倒变成了腰缠万贯。这不但刺激了大量热爱写作的人更加坚守自己的梦想，还吸引了一些无所事事但自以为是的青年投入写作，罗杰尔就是后者当中的一个。

不得不说，罗杰尔真是没有写作的天分，但是他却一直自信满满，认为自己天生就是当作家的料。在遭遇出版社一次又一次的退稿之后，骄傲的罗杰尔自视其作品为无人理解的阳春白雪，便把他的退稿连同一封信一起寄给了马克·吐温，并在信的末端写了这么一段话："听说，磷质非常有益于大脑，而鱼骨是含磷最丰富的东西，所以我天天都吃鱼，以便能够早日成为像您那样的大作家。请问您吃过多少鱼？吃的是哪一种呢？"

马克·吐温看过这个青年的稿子又看过这个青年的信之后，感到哭笑不得，于是便提笔给这位青年回了一封极短的信："照你的稿子看，你得吃一对鲸鱼才行。"

■ 名人箴言

最好不是在夕阳西下的时候幻想什么，而要在旭日初升的时候就投入工作。　　　　　　　　　　——谢觉哉

◆ 经常埋头于工作

他是一个瞎子，患有严重的神经痛，脚也是瘸的，和别人相比显得比较迟钝。同时他又是一个富家子弟，他的双亲留给他一大笔遗产。凭着这两个条件的结合，他似乎有充足的理由把自己扔在家里，很悠闲地度过这一生。

可是，他并不这样认为，他经常出现在马路上、图书馆中，人们看到他工作个不停。他有意识地要给自己更多的工作。

比如说有时他调查的历史文件之一是用外文书写的，于是他就开始对这种语言加以研究。他用16根线索制成一种可以使手臂前后左右挥动的装置，以便学习书写外文，当神经痛突然发作时，他还曾卧床书写。对于他，这种研究工作又比常人难了不知多少倍，但是他不断地让自己做更多更困难的工作，并用这个来锻炼自己无坚不摧的意志。他甚至还设立了自我惩罚的制度，如果他不能按照所计划的进度研究，就把对自己的罚款捐给社会福利院。

这个人就是世界著名的历史学者威廉·布列斯柯，他常忠告人们：

"经常埋头于工作吧！"

■名人箴言

要成功一种事业，必须付出毕生精力。　　——肖殷

第二辑

> 世界上能登上金字塔的生物有两种：一种是鹰，一种是蜗牛。不管是天资奇佳的鹰，还是资质平庸的蜗牛，能登上塔尖，极目四望，俯视万里，都离不开两个字——勤奋。

◆ 寻找智慧

有一富家公子，不学无术，却又极爱卖弄他那蹩脚的文才，结果可想而知，总是成为众人嘲笑的对象，实在是心有不甘。后来他听说智者非常有智慧，便叫人把智者叫来问道："智者，你的智慧是从哪儿找来的？你放心，我有的是钱。"

"通过艰苦的劳动找到的！"智者回答说。

"智慧也能通过劳动找到吗？"公子问。

"对，通过艰苦的劳动定能找到智慧！"智者回答。

"我现在就想多找一点智慧。"公子说。

"这个好办，请您拿上锄头跟我走，我会帮助您找到智慧的。"智者胸有成竹地说。

公子心想：别人都说我缺少智慧，这回我一定得多找一些智慧把脑子装满，有可能的话再装上两箱子智慧带回来，留着给孩子们用。然后，他拿上一把锄头跟着智者就走。他们走了很长时间，来到一片荒滩上，智者对公子说："好了，尊贵的公子，请您脱下长袍开始劳动吧！"

公子只好跟着智者抡起锄头来。干了一会儿，公子的手掌起了血泡。公子受不了了，他说："智者，你说的智慧在哪儿？我们怎能找到它？你就干脆点告诉我吧，我有的是钱。"

"请别急，公子，"智者笑了笑说，"我们就这样艰苦地把锄头抡到秋天，待把这片土地开垦出来，到了春天我们再把智慧种上，等到了秋天我们就可以收获到一麻袋一麻袋的智慧。不然，我们上哪儿去寻找智慧呀？"

"你说的这个智慧是粮食吧！"公子问。

智者说："对，公子，这只是寻找智慧的第一步。"

公子无奈，跟着智者整整苦干了一年。到了秋天收完了丰收的粮食后，公子对智者说："智者，我感觉到粮食吃起来容易，可种起来就难了，你说我说的对吗？"

"非常正确，您现在找到了一条最重要的智慧。"智者回答说。

▍名人箴言

　　知识是从刻苦劳动中得来的，任何成就都是刻苦劳动的结晶。

——宋庆龄

◆ 燃糠自照

在南朝时，有个齐人叫顾欢。他非常聪明，六七岁时就能推算四时节气和六十甲子。邻居们都夸他，说他长大一定会有出息。

有一年秋天，稻谷熟了，爸爸让小顾欢去看稻田，还特意嘱咐他："可别让麻雀把稻子给吃了。"小顾欢满口答应，还没等爸爸说完，就一溜烟跑了出去。他来到了稻田边，那金灿灿的稻子在阳光的照耀下，像一粒粒金豆子。在稻田上空有一群麻雀。小顾欢见麻雀叽叽喳喳怪好玩儿，突发奇想，坐在田埂边写起了《黄雀赋》。

晌午，爸爸来叫小顾欢回去吃饭，看见稻田里的稻子被麻雀吃掉了一大半，原先鼓鼓的谷粒，刹那间变成了空壳儿，稻秆东倒西歪的。爸爸火冒三丈，破口大骂："你瞧瞧你，稻子都快给麻雀吃光了，你在干什么？"小顾欢战战兢兢地回答："我……我在写《黄雀赋》呢！""哦？《黄雀赋》？让我看看。"爸爸说。小顾欢用发抖的小手把写的文章递给爸爸。爸爸看了看，叹了口气，说："可惜我们家穷，不能让你读书啊！"

顾家附近有个私塾，小顾欢白天常常跑去偷听。只见他拿着纸和笔，歪着小脑袋，仔细地听着，遇到精彩或重要之处就记下来。晚上，他就在家里复习。顾欢家里穷，买不起蜡烛，他就点燃稻糠、松枝照明。

顾欢就是这样勤奋好学，老了也是这样。朝廷要让他做官，他却不肯，一直隐居在天台山。

名人箴言

黑发不如勤学早，白发方悔读书迟。　　——颜真卿

凿壁偷光

汉朝时，有个名叫匡衡的少年，非常勤奋好学。

由于家里很穷，所以他白天必须干许多活，挣钱糊口。只有晚上，他才能坐下来安心读书。不过，他又买不起蜡烛，天一黑，就无法看书了。匡衡心痛这浪费的时间，内心非常痛苦。

他的邻居家里很富有，一到晚上好几间屋子都点起蜡烛，把屋子照得通亮。匡衡有一天鼓起勇气，对邻居说："我晚上想读书，可买不起蜡烛，能否借用你们家的一寸之地呢？"邻居一向瞧不起比他们家穷的人，就恶毒地挖苦说："既然穷得买不起蜡烛，还读什么书呢！"匡衡听后非常气愤，不过他更下定决心，一定要把书读好。

匡衡回到家中，悄悄地在墙上凿了个小洞，邻居家的烛光就从这洞中透过来了。借着这微弱的光线，他如饥似渴地读起书来，渐渐地把家中的书全都读完了。

匡衡读完这些书，深感自己所掌握的知识还远远不够，他想继续多看一些书的愿望更加迫切了。

附近有个大户人家，有很多藏书。一天，匡衡卷着铺盖出现在大户人家门前。他对主人说："请您收留我，我给您家里白干活不要报酬。只是让我阅读您家的全部书籍就可以了。"主人被他的精神所感动，答应了他借书的要求。

匡衡就是这样勤奋学习的，后来他做了汉元帝的丞相，成为西汉时期有名的学者。

名人箴言

谨慎的勤奋带来好运。　　　　　　　——英国民谚

◆ 头悬梁锥刺股

苏秦,战国时期东周洛阳乘轩里人,字季子,他出身寒微,却怀有一番大志。他跟随鬼谷子学习游说术多年后,看到自己的同窗庞涓、孙膑等都相继下山求取功名,于是也和张仪告别老师下了山。张仪去了魏国,而苏秦在列国游历了好几年,却一事无成,只得狼狈地回到家里。

苏秦回到家中,他的哥哥、嫂子、弟弟、妹妹、妻子都讥笑他不务正业,只知道搬弄口舌。苏秦听了这些嘲笑他的话,心里感到十分惭愧,但他一直想游说天下,谋取功名,于是请求母亲变卖家产,以帮助他再去周游列国。

苏秦的母亲劝阻说:"你不像咱当地人种庄稼去养家糊口,怎么竟想出去耍嘴皮子求富贵呢?那不是把实实在在的工作扔掉,去追求根本没有希望的东西吗?如果到头来你生计没有着落,不后悔么?"苏秦的哥哥、嫂嫂们更是嘲笑他死心不改。

苏秦知道自己这么多年来很对不起家人,既惭愧,又伤心,不觉泪如雨下。但苏秦扬名天下的雄心壮志仍然不改,于是闭门不出,取出师父临下山时赠送给他的礼物——姜子牙的《阴符》,昼夜伏案攻读起来。

苏秦经常自勉说:"读书人已经决定走读书求取功名这条路,如果不能凭所学知识获取高贵荣耀的地位,读得再多又有什么用呢?"

想到这些，苏秦更加忘我地学习起来。

为了抓紧时间学习，苏秦还想出了一个好办法。他读书时，把头发用绳子扎起来，悬在梁上，如果自己一打盹，头发就把自己揪醒。夜深的时候，如果觉得自己困了，就拿锥子刺自己的大腿，这样就能保持清醒。苏秦"头悬梁，锥刺股"的故事后来一直被人们传为佳话。

■名人箴言

　　智慧源于勤奋，伟大出自平凡。　　——民谚

数学神童维纳的年龄

20世纪著名数学家诺伯特·维纳，从小就智力超常，3岁时就能读写，14岁时就大学毕业了。几年后，他又通过了博士论文答辩，成为美国哈佛大学的科学博士。

在博士学位的授予仪式上，执行主席看到一脸稚气的维纳，颇为惊讶，于是就当面询问他的年龄。维纳不愧为数学神童，他的回答十分巧妙："我今年岁数的立方是个四位数，岁数的四次方是个六位数，这两个数，刚好把10个数字0、1、2、3、4、5、6、7、8、9全都用上了，不重不漏。这意味着全体数字都向我俯首称臣，预祝我将来在数学领域里一定能干出一番惊天动地的大事业。"

维纳此言一出，四座皆惊，大家都被他的这道妙题深深地吸引住了。整个会场上的人，都在议论他的年龄问题。

其实这个问题不难解答，但是需要一点数字"灵感"。不难发现，21的立方是四位数，而22的立方已经是五位数了，所以维纳的

年龄最多是 21 岁；同样道理，18 的四次方是六位数，而 17 的四次方则是五位数了，所以维纳的年龄至少是 18 岁。这样，维纳的年龄只可能是 18、19、20、21 这四个数中的一个。

剩下的工作就是"一一筛选"了。20 的立方是 8000，有 3 个重复数字 0，不合题意。同理，19 的四次方等于 130321，21 的四次方等于 194481，都不合题意。最后只剩下一个 18，是不是正确答案呢？验算一下，18 的立方等于 5832，四次方等于 104976，恰好"不重不漏"地用完了 10 个阿拉伯数字，多么完美的组合！

这个年仅 18 岁的少年博士，后来果然成就了一番大事业：他通过勤奋的学习研究成为了信息论的前驱和控制论的奠基人。

■ 名人箴言

　　形成天才的决定因素应该是勤奋。　　——郭沫若

❖ 好学不倦的富兰克林

　　富兰克林是美国 18 世纪的大科学家和政治家。他的父亲原来是英国人，为逃避教会当局的迫害，全家远渡重洋逃到了美国。

　　1706 年富兰克林出生在美国波士顿，家境不是很富裕。富兰克林从小喜欢读书学习。他 8 岁的时候，进了一所公立小学。他的所有成绩都是优秀，因此父亲曾打算把他培养成牧师。但是，因为交不起学费，富兰克林只上了两年学，10 岁的时候就终止了读书。

　　12 岁的时候，富兰克林被送到哥哥詹姆斯经营的印刷所当学徒工。詹姆斯性情暴躁，什么脏活儿、累活儿都叫富兰克林干。富兰克林都忍了。印刷所里有很多的书，富兰克林就利用这里特殊的条

件，每天晚上读书到深夜。他对知识如饥似渴，因此他读了很多书，自学到了许多基础知识，然后便开始学习写散文和诗歌。

在富兰克林15岁的时候，哥哥詹姆斯办了一份报纸，叫他学习检字，还叫他送报、卖报。刻苦的富兰克林这时已经能写很好的文章了。他很想试一试，把写的文章在哥哥的报纸上发表。他就把这想法告诉了哥哥："哥哥，能不能把我写的文章在你的报纸上发表？"

哥哥回答说："你不要瞎胡闹，写文章哪有那么容易呢？你还是老老实实地学习印刷技术吧，多练习检字技术，有了一技之长，就会一辈子有饭吃。"

尽管哥哥反对，但是他并不死心。于是他偷偷地写了一篇文章，落款用"莫名"的笔名。当夜深人静的时候，他悄悄地跑到印刷所的大门口，把封好的、写有收件人詹姆斯名字的信封放到那里。第二天，詹姆斯还以为是哪位知名人士寄来的呢，仔细阅读了以后，对寄来的文章大加赞赏，马上就在报上发表了。文章见报后反应很好，使富兰克林大受鼓舞，大大激发了他的创作热情。富兰克林在一年之中写了很多的文章，一律用"莫名"这个笔名，并且利用送到印刷厂交给哥哥这种投稿办法，都在詹姆斯办的报上发表了。

一年多的时间里，"莫名"的文章在报纸上发表得多了，名声也就大了。詹姆斯决定要见见这位仰慕已久、名声大振的"莫名"先生。那么，怎样才能找到这位"名家"呢？他寄来的文章没有写地址，那就只有一个办法，就是晚上在印刷所的大门口等候他。于是詹姆斯真的每天晚上去等。他等了好几个晚上，等到的却是自己的弟弟。他埋怨富兰克林没有向他说明真相。富兰克林告诉詹姆斯："你如果知道那些文章都是我写的，肯定是不会采用的。"听了此话，哥哥也就无话可说了。

在富兰克林17岁那年，詹姆斯的印刷所倒闭了。此后富兰克林没有了工作，他的生活又非常困难了。

后来，富兰克林到了伦敦，当了印刷工人以维持生活。他的生活是动荡不安的，但是，他并没有放弃学习。后来，他又辗转回到了美国，创办了《宾夕法尼亚新闻报》，他担任主编，写一些读者喜闻乐见的文章，深受广大读者的欢迎。他的报纸获得了很大的成功。后来，他又创办了一所图书馆，并创立了美国哲学会。

富兰克林在生活中发现用于取暖的火炉不理想。特别是荷兰式的火炉，不装烟囱，使用起来烟雾弥漫；另一种德国式的火炉过于简单，简单得就像个大铁箱子，煤灰混杂。两种火炉用起来都让人感到不舒服，应该好好地改进。于是他开动脑筋，经过反复改进，终于制成一种特别的新式火炉，简单、美观、实用。这个火炉比荷兰式和德国式都先进，受到了美国人的欢迎，并起名为"富兰克林火炉"。它结构合理，价格便宜，使用方便，因此从美洲传到了欧洲。火炉的发明引起极大轰动，也把富兰克林引上了科学发明的道路。

富兰克林不但是杰出的科学家，又是著名的政治家和作家。他在美国摆脱殖民统治和争取自由解放运动中，始终站在一线，参与起草了《独立宣言》和第一部宪法。

1790年4月17日，富兰克林与世长辞。美国人民怀着深切悼念的情感致哀一个月。富兰克林在自撰的墓志铭中以"印刷工"自称。他是一位伟大而又平凡的人。

■ 名人箴言

没有任何动物比蚂蚁更勤奋，然而它却最沉默寡言。

——富兰克林

勤奋成大业

史蒂芬·霍金出生于英国的牛津，他年轻时就身患绝症，然而他坚持不懈，战胜了病痛的折磨，成为举世瞩目的科学家。

霍金在牛津大学毕业后即到剑桥大学读研究生，这时，他被诊断患了"卢伽雷病"，不久，就完全瘫痪了。1985年，霍金又因肺炎进行了穿气管手术，此后，他完全不能说话，依靠安装在轮椅上的一个小对讲机和语言合成器与人进行交谈；他看书必须依赖一种翻书页的机器，读文献时需要请人将每一页都摊在大桌子上，然后，他驱动轮椅如蚕吃桑叶般地逐页阅读……

霍金从不会因为小小的病痛折磨而放弃对学习的渴望，他正是在这种一般人难以置信的艰难中，成为世界公认的引力物理科学巨人。霍金在剑桥大学任牛顿曾担任过的"卢卡逊数学讲座教授"之职，他的黑洞蒸发理论和量子宇宙论不仅轰动了自然科学界，并且对哲学和宗教也有深远影响。霍金还在1988年4月出版了《时间简史》，此书已用33种文字发行了550万册，如今在西方，自称受过教育的人没有未读过这本书的。

■ 名人箴言

生活是不公平的，不管你的境遇如何，你只能全力以赴。

——霍金

◆ 奴仆的杰作

穆律罗是 17 世纪西班牙著名的画家，他出身于贵族，身份高贵，在当时是个赫赫有名的人物。有一段时间，他和他的学生总不时地发现画布上有一些未完成的素描。它们线条优美、轮廓清晰，笔触极具天赋。每当穆律罗挨个询问学生素描是否为他们所画时，得到的都是遗憾的摇头。"是哪位神秘的造访者大驾光临呢？而他为何总是在深夜里留下丹青呢？"在很长一段时间里，这一直是穆律罗心中的一个谜。

又一天早晨，穆律罗的学生像往常一样陆续来到画室，又一次发现了一幅未完成的美轮美奂的画。他们一个个聚集在画架前，不由得发出惊讶的赞美声。画布上呈现着圣母玛丽亚的头部画像，不但画面相当协调，许多笔调更是独创。这更令穆律罗震惊不已。他觉得这作画者极具潜质，将来一定能成为大师。当时，他的学生中没有一个承认自己是作画者。

其实作画者就是穆律罗身边颤抖不已的塞伯斯蒂，他是穆律罗众多奴仆中一位年轻的奴仆。塞伯斯蒂对画画有一种与生俱来的喜好，每当穆律罗给学生上课时，塞伯斯蒂就在一旁聆听。每当夜深人静、别人酣然入睡之际，他总是忍不住偷偷地画上几笔。每到天明之时，害怕被主人发现的塞伯斯蒂准备将前夜的作品涂掉，可每当笔即将落在画上时却不忍心下手了。塞伯斯蒂心中总是有一个声音在呼喊道："不！我不能，绝不能！"于是，未完成的画就留了下来。

在那个等级森严的年代里，奴仆是不配作画的，如果被发现，不但会受到严惩，还有可能被处死。虽然塞伯斯蒂很想得到穆律罗的指导，可他不敢说出口。

一天晚上，塞伯斯蒂有一种莫名的兴奋，他在画架前铺好床后，却怎么也睡不着。凌晨3点，塞伯斯蒂忽地从床铺上蹦了起来，自言自语道："这三个小时是我的，让我把它画完吧！"

他提起画笔，一会儿就进入了忘我的境界：时而添上一笔，时而点缀色彩，然后再配上柔和的色调。4个小时不知不觉悄然而逝，晨光从窗户中透过来，而蜡烛的火苗却仍在不停地跳动着。此时，穆律罗已经站在他身后多时了，但他并没有惊动塞伯斯蒂，而是静静地望着他笔下优美的线条出神，当塞伯斯蒂画完最后一笔时，才猛然发现主人已在他身后。

此事后来成了人们津津乐道的话题，他们纷纷猜测如此"大逆不道"的奴仆会受到何种惩罚。然而，让人们大跌眼镜的是：穆律罗不但免去了塞伯斯蒂的奴仆身份，给了他自由，还将他收为弟子。穆律罗说："我是幸运的，竟然造就出了一位了不起的画家，塞伯斯蒂会是我最大的骄傲！"

后来在穆律罗的精心指导下，塞伯斯蒂成了名垂青史的大画家。如今，在意大利收藏馆珍藏的名画中，有许多就是穆律罗和塞伯斯蒂的作品，它们都一样价值连城。

名人箴言

我们每个人手里都有一把自学成才的钥匙，这就是：理想、勤奋、毅力、虚心和科学方法。　　　　　——华罗庚

嗜书如命的伟大文学家

1868年3月28日,马克西姆·高尔基出生于俄国中部诺夫戈罗德的一个木匠家庭。他的童年几乎总跟不幸连在一起。

5岁的那一年他的父亲去世了,母亲只好带着高尔基投奔了开染坊的外祖父,但外祖父家的人口众多,而且染坊的生意也不十分景气,一大家子的生活非常艰难。

在高尔基10岁的那一年,不幸的事情又发生了,母亲因为一场急病而离开了人世,紧接着外祖父的染坊又面临破产,这个时候,高尔基只好辍学进了一家鞋厂当学徒。

在鞋厂里高尔基虽然勤勤恳恳地干活,但是不仅吃不饱,而且有时干活慢一点还要遭到凶恶的老板的打骂。于是高尔基决心离开这里,后来他又在一条船上找到了洗碗的工作,在这里干活的人都非常喜欢他。

有个大胖子厨师经常给他讲故事,并且还把自己的书借给高尔基看。有一次,高尔基在烧茶的时候,抱着一本书看,他被书中的主人公给迷住了,结果茶壶被烧坏了,船主把高尔基狠狠地打了一顿。

高尔基只好把看书的时间放在每天干完活之后。他开始接触到果戈理和巴尔扎克等作家的作品,书中的故事吸引着他,同时也使他萌发了写作的愿望。

由于船主太过凶恶,高尔基又换了一个工作,到一家画铺去当帮工。他的运气实在不好,这里的老板娘也很凶,有一天,他深夜里还在看书，被老板娘发现了，于是老板娘就用木棍打了他一顿，她认为高尔基把她的蜡烛用得太多了。

为了能在干完活以后多看点书，高尔基便把蜡烛盘里的蜡油刮下来，再动手制成一支小蜡烛。

1884年，高尔基决定要去读书、上大学，于是他来到喀山。来到这里后他才明白，上大学的理想难以实现。为了生存，他只得干着各种各样的杂活，如劈柴、搬运货物，生活在那些流浪汉之间。在这里，他不仅耳闻目睹，更是亲自饱尝了底层人民生活的痛苦。这些对他后来的文学创作都提供了真实而重要的参照和素材，也使高尔基的内心充满了对正义的无限向往。他说："我身上一切的品质都要归功于书籍。"

■名人箴言

如果不想在世界上虚度一生，那就要学习一辈子。

——高尔基

◆ 达·芬奇画鸡蛋

意大利文艺复兴时期，曾产生过许多画家、雕刻家、建筑家，而达·芬奇被认为是这个时代"在思维能力、热情和性格方面，在多才多艺、学识渊博方面最杰出的巨人"，他在许多领域都有发明创造。这样一位伟大的先驱者，之所以能够取得如此杰出的成就，和他在年轻时努力探求知识的习惯是分不开的。

达·芬奇从小勤奋好学，善于思考。他对绘画有特别的爱好，也喜欢玩弄黏土做一些稀奇古怪的玩意儿。他常常跑到小镇的街上去写生，邻居们都称赞他是"小画家"。有一天，达·芬奇在一块木板上画着一些蝙蝠、蝴蝶、蚱蜢之类的小动物，他的父亲看见了，觉得画得不错。

为了培养他的兴趣，1466年，父亲送他到佛罗伦萨著名艺术家佛洛基阿的画坊去学艺，那时，他正好14岁。

佛洛基阿是一位富有经验的画师，对学生要求十分严格，他教达·芬奇的第一课就是画鸡蛋。从此，达·芬奇根据老师的要求，每天拿着鸡蛋，一丝不苟地照着画。过了一年、两年，达·芬奇有点儿不耐烦了。有一天，他实在忍不住了，便问道："老师，为什么老是让我画鸡蛋呢？"佛洛基阿听了，耐心地对他说："别以为画蛋很简单，要是这样想就错了。在一千只蛋当中，从来没有两只形状是完全相同的。即使是同一只蛋，只要变换一个角度，形状便立即不同了，比如，把头抬高一点儿，或者眼睛看低一点儿，这个蛋的轮廓也有差异。如果要在画纸上准确地把它表现出来，非要下一番苦功不可。多画蛋，就是训练眼睛去观察形象，训练随心所欲地表现事物，等到手眼一致，那么对任何形象都能应付自如了。绘画，基本功是最重要的，你不要浅尝辄止，要耐心地画下去啊！"达·芬奇点头称是，于是更加刻苦认真地画起来。

这生动的一课，不仅为达·芬奇的绘画艺术打下了基础，而且对他以后钻研多方面学问都很有启迪。达·芬奇在此整整苦学10年，不但在艺术方面得到了良好的学习和训练，而且还结识了一批艺术家和学者，阅读了很多书，在许多领域都打下了知识基础。

后来，达·芬奇在总结童年学画的经验时，他告诉下一代艺术爱好者们说："你们天生爱画，所以我对你们说，你们若想学得物体形态的知识，须由细节入手。第一阶段尚未记牢，尚未练习纯熟，切勿进入第二阶段，否则就虚耗光阴，徒然延长了学习年限。切记，艺术靠勤奋，勿贪图捷径。"

名人箴言

　　勤劳一日，可得一夜安眠；勤劳一生，可得幸福长眠。

　　　　　　　　　　　　　——达·芬奇

生　活

　　同是一条溪中的水，可是有的人用金杯盛它，有的人却用泥制的土杯子喝它。那些既无金杯又无土杯的人就只好用手捧水喝了。

　　水，本来是没有任何差别的。差别就在于盛水的器皿。

　　君王与乞丐的差别就在"器皿"上面。

　　只有那些最渴的人才最了解水的甜美。从沙漠中走来的疲渴交加的旅行者是最知道水的滋味的人。

　　在烈日炎炎的正午，当农民们忙于耕种而大汗淋漓的时候，水对他们是最宝贵的东西。

　　当一个牧羊人从山上下来，口干舌燥的时候，要是能够趴在河边痛饮一顿，那他就是最了解水的甜美的人。

　　可是，另外一个人，尽管他坐在绿阴下的靠椅上，身边放着漂亮的水壶，拿着精致的茶杯喝上几口，也仍然品不出这水的甜美来。

　　为什么呢？因为他没有旅行者和牧羊人那样的干渴，没有在烈日当头的中午耕过地，所以他不会觉得那样需要水。

　　无论什么人，只要他没有尝过饥与渴是什么味道，他就永远也享受不到饭与水的甜美，不懂得生活到底是什么滋味。

名人箴言

我是个拙笨的学艺者,没有充分的天才,全凭苦学。

——梅兰芳

宋濂刻苦求学

宋濂是浙江金华人,他曾经主编过历史书籍,这在当时是很了不起的。宋濂多才多艺,被认为是明朝初期文化人中的第一名。这些成就与宋濂小时候刻苦学习是分不开的。

宋濂自幼喜欢读书,可是家里很穷,买不起书。宋濂就向有书的人家借书来看。每次借来书以后,宋濂就赶紧用笔抄写下来,这样就能如期还给人家了。但有时候,天很冷,写字用的墨都被冻住了,手指也都冻得伸不开,他也不敢停下来,就用体温化开墨汁,搓搓手,继续往下写。宋濂借书到期一定会还给人家的,一天也不敢拖延。这样一来,人们认为宋濂是值得信任的,就乐意借书给他,宋濂由此学到了很多的东西。

后来,宋濂长大了,自己的学问增长了,他听说几百里以外的地方有一个很有学问的大师,就想前去拜访。但是由于家里很穷,买不起马匹,也雇不起车辆,他就走着去几百里地以外的地方,找这位有名的老师请教问题。由于老师的名声很大,拜访他的人很多,因而,老师对所有的人都很严厉,对宋濂也不例外。宋濂为了得到知识,每次请教问题,都站起来,恭恭敬敬地听老师讲解。有时,老师发脾气,宋濂就更加恭敬,不敢出口顶撞。等老师高兴了,就再接着问。所以,宋濂的收获是很大的。

宋濂步行几百里路去老师家里，有时下好几尺深的雪，他一个人背着书，冻得一点儿感觉都没有了，以至于手脚上的皮冻开了也不知道。到了老师家里，四肢冻得都不能动了。仆人就用热水喂他，给他盖上厚厚的棉被，好长时间，宋濂才暖和过来。

宋濂就这样艰苦地学习，在他看来，这也正是他快乐的源泉。终于，宋濂成为当时最有名气的文学大家，深受皇帝的赞赏。

名人箴言

读书破万卷，下笔如有神。　　　　　　　　——杜甫

求知如采金

须知，获得知识就如同获得金子这种珍贵物质一样，也是需要聪明才智的。

有这样一种看法，无论是你还是我，都是无从解释的：即大地为什么不产生一种巨大的力量，把所有蕴藏在地底下的黄金都统统集中到一个山头上去呢？这样一来，王公贵族也好，平民布衣也好，不是一下子就可以知道黄金的所在，并能无所顾忌地去进行开采了吗？或者凭借一种热望，或者依仗一次良机，或者花费无数时光，谁都可以吹尽狂沙始到金，还可以用所得的黄金随心所欲地滥造金币。但大自然偏偏要我行我素，她总是把这种珍贵的金属小心翼翼地藏在地底下的细缝狭隙之中，使谁都无法知道。你可以凭一时的热情猛挖一阵，但终将两手空空。而只有当你历尽艰辛开采不息的时候，兴许有可能挖到芝麻大的那样一点。

这与获取知识的情形又何其相似。当你捧着一本好书的时候，

应当扪心自问:"我该不该像一个澳大利亚矿工那样工作呢?我的尖镐利铲都随身带好了吗?我的准备工作都无懈可击了吗?我的衣袖是不是挽得高高的?我的劲儿是不是鼓得足足的?我的胆儿是不是练得壮壮的?"请你永远保持这种英勇无畏的矿工精神吧。尽管这意味着艰难困苦,但功夫岂负苦心。你梦寐以求的黄金就是作者在书中所表达的那种深刻的思想和他那渊博的学识。他书中的词语就是含金的矿石。你只有将它们打碎并加以熔炼,才有可能化石为金。你的尖镐利铲则代表着严谨、勤奋和钻研,而你的熔炉就是你那善于思索的大脑。如果以为没有这些工具,没有这种热情,就可以叩开出类拔萃的作者那扇智慧大门的话,那纯粹是痴心妄想罢了。而只有当你坚持不懈地进行艰苦卓绝的开采和经久不息的冶炼时,你才有可能获得一颗光彩夺目的金珠。

名人箴言

勤奋的人废寝忘食,懒惰的人总没有时间。

——日本民谚

◆ 刻苦读书 自强不息

杰克·伦敦是 19 世纪末 20 世纪初美国优秀的现实主义作家。他在美国进步文学史上占有重要的地位。

杰克·伦敦出生在加利福尼亚的旧金山,他的父母都是老实、贫穷的农民。当时,美国的资本主义制度已经到了日趋腐朽的阶段,劳动人民的生活越来越贫困。杰克·伦敦的父亲和千百万的农民一样,被资本主义制度弄得破了产。从此,他们全家就开始了颠沛流离、缺吃少穿的贫困生活，这一切使小杰克·伦敦过早地饱尝了人世间的辛酸。后来，全家人流落到了奥克兰市，租了一间小房子才安定下来。这段时间，杰克·伦敦终于有了进学校念书的机会。他非常珍惜这来之不易的机会，读书特别用功。在上学、放学的路上，同学们经常能看到杰克·伦敦一边走一边捧着一本书在念。当别的小朋友做游戏的时候，杰克·伦敦就到奥克兰公共图书馆去读书，这里的许多藏书使小杰克·伦敦震惊、兴奋，他激动地用手抚摸着一本本的书，就像是在向一个个久违的好朋友低声问候。从此，杰克·伦敦就像一块海绵，尽情地吸收着这由书汇集的海洋的一点一滴，尤其是那些关于冒险、旅行、航海、探险的书更使他爱不释手。那些书开阔了他的眼界，打开了他的思路，启发了他的幻想，把他领到了一个五彩缤纷的世界。可是，好景不长，不久，父亲的生意又萧条了，始终找不到一个固定的职业来养家糊口。11岁的杰克·伦敦不得不去当报童，他经常早出晚归，风里来雨里去，一边卖报纸一边上学，终于在14岁那年，以优异的成绩小学毕业。尽管他的学习成绩优异，可是他继续学习的希望成了泡影，只得进一家罐头厂当童工。他每天天不亮就起床，要走很远的路才能到达工厂。

  后来，17岁的杰克·伦敦又被雇用到一艘船上做水手，到日本去捕捉海豹。白天，他们捕捉海豹，夜深人静，当人们拖着疲倦的身体进入梦乡时，杰克·伦敦便一手打着手电，一手拿着书，津津有味地看起来。此时的他早把一天的辛苦抛在了脑后。这段时期的海上生活，使杰克·伦敦有机会到世界上的许多港口，接触各种各样的人，了解千姿百态的社会风情，学到了许多的知识和本领，为他以后的写作打下了坚实的基础。

  航海回来后，杰克·伦敦又去做苦力了。他看到闷热的厂房、污浊的空气、不良的营养、繁重的劳动使工人们挣扎在死亡线上。

这一切不公平的现象，不仅使他感到气愤，还使他陷入了沉思。这时，杰克·伦敦的思想发生了很大的变化，他开始寻找对社会、对人生新的认识。

18岁的时候，杰克·伦敦得到了进入中学去念书的机会。他一边念书，一边干活挣钱养活自己。他看仓库、打地毯、给学校擦地、冲洗厕所。同学们经常讽刺他，可是，杰克·伦敦不在乎这些，仍旧刻苦地学习，最终以优异的学习成绩赢得了同学的尊敬。后来，他考进了加利福尼亚大学，他的学习劲头更足了。为了取得更好的学习效果，杰克·伦敦还制定了学习计划，他要求自己必须学完全部的英文课程和大部分自然科学、历史、哲学等课程。可是因为家庭生活困难，杰克·伦敦只念了一个学期就又离开了学校。从此，他下决心专门从事写作事业。经过努力奋斗，杰克·伦敦的小说一篇接一篇地被杂志社、报社采纳、刊登。杰克·伦敦的《给猫人》和《白色的寂寥》都是以他的亲身经历写的。书中描写的那一群意志坚强、经历充沛、勇敢无畏的人们，给读者留下了深刻的印象。从此，杰克·伦敦成了一个知名的作家。

杰克·伦敦的成名和他严谨的治学态度也是分不开的。他的生活十分贫苦，有时连房租也交不起。于是好心的朋友就劝他多写些文章，多拿些稿费，来改变一下贫苦的状况。可是为了对读者负责，他经常反复推敲、修改自己的底稿，从不敷衍了事、马马虎虎。当朋友不解他的行为时，他解释说："如果只从个人的名利出发，粗制滥造，那一定写不出好作品。好的作品不是从墨水瓶中流出来的，要像砌墙一样，每块砖都得经过郑重地选择，这样砌出来的房子才结实牢靠。"凡是到过杰克·伦敦住房的人都会发现一个令人不解的现象：那就是在他家的镜子缝里插着许多小纸条，在晒衣绳上挂着许多小纸片，墙壁上也贴满了纸片，简直成了一个贴满字条的世界。

原来，杰克·伦敦为了寻找第一手材料，随时把好的材料和好的字句抄在纸片上，放在家中触目可及的地方，以便随时记诵。

俗话说：玉不琢不成器。必须经过提炼加工，石头才能变成玉石。我们人也是这样，在艰苦的环境中自强不息、锲而不舍地奋斗，才是成功者的必经之路。杰克·伦敦以自己的实际行动证明了这一真理。

■名人箴言

得到智慧的唯一办法，就是用青春去买。

——杰克·伦敦

地质力学创始人李四光

李四光本名李仲揆，"李四光"这个名字，是后来上学的时候，误写的。当时需要填写报名单，他误将姓名栏当成年龄栏，随手就写了个"十四"，这是他当时的真实年龄。可是，他马上便发觉填错了栏目，这下可怎么办呢？聪明的李四光就在"十"字上加了几笔改成"李"字，可"李四"这个名字实在不好听，正在为难的时候，李四光抬头看见堂中上方挂着一块大匾，上写"光被四表"，他灵机一动，在"李四"后面又加上了一个"光"字。

李四光童年的时候，家庭生活是非常艰辛的。一家数口仅靠父亲办私塾收缴学生的一点学费来勉强维持，如果遇上灾荒年，私塾的学生少了，就有断粮断炊的危险。所以，李四光的母亲也经常纺线织布，换些零用钱。特别是李四光的父亲为人耿直，爱打抱不平，曾经因与黄冈的革命党人有来往被迫逃离家乡，去南京躲了一年多，家庭生活就更加艰难。这一切，对童年的李四光影响很大。

正是这样，李四光从小就养成了勤劳的习惯。他常常帮着妈妈打柴、舂米、推磨、扫地、提水、放羊、割草等，几乎样样事情都能干。6 岁的时候，李四光到父亲的私塾里跟随父亲念书。因为早年的经历，李四光非常珍惜自己的读书机会，每天从早到晚，朗读、背诵、练字、作文，忙个不停。

当老师不在的时候，李四光依然独自学习，别的同学来拉他："李四光，咱们一块玩儿吧。"

"不，我还要做作业呢。"李四光摇摇头，继续做自己的作业。别的小朋友都很不解，反正老师不在，又不会受人责罚，为什么不出去玩呢？别的孩子在一旁，爬桌子，踩凳子，闹翻了天，而他依然专心致志地学习。

李四光从小就喜欢动脑筋，问问题。有一次课余时间，他和小朋友一起捉迷藏的时候，看到村头的一块特别大的石头，他就曾产生过这样的疑问：这石头是怎么来的呢？为什么周围没有这种石头呢？可是小朋友们也弄不明白，甚至大人们也不知道为什么，他们平时从没想过这个问题。

渐渐地，李四光长大了，他凭借自己的勤学，留学英国。1918 年 5 月，李四光用英文写成了一篇长达 387 页的论文——《中国之地质》，并提交伯明翰大学地质系。6 月，他通过了论文答辩。由于这篇论文的提出，李四光被伯明翰大学授予自然科学硕士学位。回国以后，他还没有忘记小时候的疑问，经过考察以后，他才明白村口的巨石是被冰川从秦岭带来的。

最终，李四光成为我国杰出的地质学家、地质力学的创造者和新中国地质事业的开拓者与奠基人。根据他的理论，我国相继发现了大庆、胜利和大港等重要油田，为祖国的社会主义建设做出了卓越贡献。在国际上,他也享有极高的声誉。

■ 名人箴言

科学是老老实实的东西,它要靠许许多多人民的劳动和智慧积累起来。
——李四光

❖ 读书破万卷

顾炎武是个学者,一生没有做过官,却名满天下,受人尊敬。他的一生著述宏富,在经学、史学、音韵学、地理学、文学等领域都有重要的建树,在政治思想方面也提出了许多积极进步的主张。他的"天下兴亡,匹夫有责"的名句流传千古,激励着一代又一代爱国志士,为中华民族的崛起而奋斗。今天,世界各地大专院校有很多学者在研究他,尊称他为中华贤人。

顾炎武的童年非常不幸,天花病差点夺走了他的生命。虽然他体弱多病,但是在母亲的教导和鼓励下,顾炎武依然勤奋苦读。他6岁启蒙,10岁开始读史书、文学名著。11岁那年,他的祖父蠡源公要求他读完《资治通鉴》,并告诫说:"现在有的人投机取巧,认为只要浏览一下《纲目》之类的书便事事皆知,但我认为这是不合理的。"

祖父的这番话使顾炎武领悟到,读书做学问是件老老实实的事,必须认真忠实地对待它。于是,他采取了"自督读书"的措施:首先,他给自己规定每天必须读完的卷数;其次,他规定自己每天读完后把所读的书抄写一遍,这样,他读完《资治通鉴》后,一部书就变成了两部书;再次,要求自己每读一本书都要做笔记,写下心得体会，他的一部分读书笔记，后来汇成了著名的《日知录》一书；最后，他在每年春秋两季，都要温习前半年读过的书籍，边默诵，边请人朗读，发现差异，立刻查对。

他不仅每天读书，而且遇到难题，一定弄懂弄通；发现疑点，更是反复琢磨，直到完全清楚为止。他规定每天这样温课200页，如果温习不完，就决不休息。

顾炎武把全部心力扑到书本上面，自然非常劳累。父母看到小炎武天天手不释卷，十分欣慰，同时也担心他的身体，所以时不时劝他活动一下。顾炎武因此经常外出旅行，游历一下外面的世界，开阔见识。

凡是顾炎武外出旅行，都随身用两匹马三头骡子装书。到了险要的地方，就向退休的差役询问这里的详细情况；有时情况与平时听说的不一样，就在附近街市中的客店对着书进行核对校正；有时直接走过平原旷野，没有值得什么留意的，就在马背上默读各种经典著作的注解疏证；偶然有忘记的，就在附近街市中的客店看书认真查看。

顾炎武的一生真正做到了"读万卷书，行万里路"。他的《日知录》、《营平二州史事》、《昌平山水记》、《山东考古录》、《京东考古录》等著作都是实地考察和书本知识相互参证，认真分析研究以后写成的。

顾炎武把写书比作"铸钱"，他鄙弃抄袭古书，认为那就如同改铸古人的旧钱，他认为正确的方法是自己去"采山之铜"。顾炎武重视典章文物、天文地理、古音文字、民风土俗的考核。凡立一说，必广求证据，反复辨析，常用归纳法得出正确的结论。这对清代朴学方法的形成起了开风气的作用。

顾炎武在学术上取得的巨大成就，与他的"采山之铜"的方法以及勤奋学习的精神是分不开的。

名人箴言

一分耕耘，一分收获。　　　　　　　——徐特立

❖ "书呆子"与哥德巴赫猜想

陈景润是我国著名的数学家，他在攻克哥德巴赫猜想方面做出了重大贡献，他创造的"陈氏定理"家喻户晓。可是没有人会想到，这个"数学王子"曾被人称作书呆子。

1937年，勤奋的陈景润考上了福州英华书院，此时正值抗日战争时期，清华大学航空工程系主任留英博士沈元教授回福建奔丧，不想因战事被滞留家乡。几所大学得知消息，都想邀请他前去讲学，他谢绝了邀请。由于他是英华的校友，为了报答母校，他来到了这所中学为同学们讲授数学课。

沈元老师在数学课上给大家讲了一故事："200年前有个法国人发现了一个有趣的现象：$6=3+3$，$8=5+3$，$10=5+5$，$12=5+7$，$28=5+23$，$100=11+89$。每个大于4的偶数都可以表示为两个奇数之和。因为这个结论没有得到证明，所以还是一个猜想。德国数学家哥德巴赫发现这个数论，但因为他自己不能证明，所以世人称之为哥德巴赫猜想。哥德巴赫后来写信告知欧拉他的猜想，自从欧拉知道这个猜想以后，就竭力想要证明它的正确性，可是直到死也没有证明哥德巴赫猜想是正确的。"

沈元又说，自然科学的皇后是数学，数学的皇冠是数论，哥德巴赫猜想则是皇冠上的明珠。可是他真的没有想到，坐在他讲台下

的学生陈景润，竟然会成为那个去摘取数学皇冠上明珠的人。

这一节课，陈景润瞪着眼睛听得十分入神。他对这个奇怪的问题产生了浓厚的兴趣。课余时间，他总是钻进图书馆，不仅把他当时学习的中学课程读完，连大学的数理化课本也一览无余。每天同学们看到陈景润，不是手捧着书本苦读，就是因为想着数学题而不慎撞树、撞电线杆，大家都在背地里笑话他是个"书呆子"。

可是陈景润并不理会他人的笑话，在他心里，数学才是他的整个世界，一进入这个世界，他就无比快乐。尽管这个世界，有时候像迷宫一样，让人感到迷离，但是，走出迷宫攻克难题的快乐，却是许多其他事情不能比拟的。可见兴趣的确是第一老师。正是沈元讲述的数学故事，引发了陈景润的兴趣，引发了他的勤奋，从而使他成为一位伟大的数学家。

从20世纪60年代初开始，在复杂的环境中，在简陋的条件下，那位举世震惊的奇才陈景润，在6平方米的小屋里，借一盏煤油灯，伏在床板上，用一支笔，耗去了几麻袋的草稿纸，攻克着世界著名的数学难题。在人们的误解中，他执著、艰难地在摘取"明珠"的险峰上努力前行。经过十几年不懈的努力，陈景润在这一领域终于取得了丰硕成果。

当陈景润的论文发表后，立刻在全世界范围内引起轰动，他的结论被大家称为"陈氏定理"，而数学界将"陈氏定理"誉为这一领域的"光辉的顶点"。英国一个数学家给陈景润的信里说"你移动了群山"！

名人箴言

攀登科学高峰，就像登山运动员攀登珠穆朗玛峰一样，要克服无数艰难险阻，懦夫和懒汉是不可能享受到胜利的喜悦和幸福的。

——陈景润

勤奋的益处

查理算不上非常聪明，但是他非常勤奋。上小学的时候，他学习就很用功。当遇到不能理解的课文时，下课了他都不出去玩耍，而是留在教室里学习，直到弄懂为止。

他和别的孩子一样喜欢玩，只要他学习上没有什么问题，下课铃声一响，他总是最先冲到操场上，而最先回到课堂上的也是他。他努力地学习，疯狂地玩耍。无论是上课还是下课，他都是快乐的。

高中毕业的时候，因为品学兼优，学校保送他上了大学。在大学里他如鱼得水，那里是一片开阔的天地，他就像一条小鱼在知识的海洋里尽情地畅游。

无论做什么事，他都要把功课做好了再去，上课前他都会事先预习，课后还要复习，所以老师的问题从来没有难倒过他。学校领导对他的评价很高，同学们也很喜欢他。

大学里有很多社团，查理也参加了其中一个。依照习惯，每年都要从这个社团选一名代表做演讲，查理幸运地被选中。勤奋的他依靠博学的知识赢得了在场每一个人的掌声。

毕业的那一天，他的父母、兄弟姐妹都来听他的毕业演讲。查理穿着学士服看起来是那么神气。他有才智，广受尊敬，同时也是一个讲信誉而且快乐的人，许多机会摆在了他面前，等着他去挑选。后来他拥有了一个幸福的家庭，受到所有认识他的人的爱戴。

勤奋虽然辛苦，但是最后得到的一定会远远超出所付出的。而懒惰的孩子的生活总是显得可怜、悲惨。

有人问:"付出就一定会有收获吗?"

是的,命运垂青每一个勤奋的人。

名人箴言

勤奋的人是时间的主人,懒惰的人是时间的奴隶。

——朝鲜民谚

◆ 点烛读书

北宋时的大臣寇准,当过宰相。寇准小时候,常爱站在父亲身边,看父亲写诗作画。到了寇准6岁生日这天,父亲送给他一套笔砚。寇准高兴极了,马上磨好墨,铺开纸,趴在桌子上,照着父亲刚写好的一副对联,一笔一画地临摹起来。

父母看他写得那么认真,高兴得连连点头。父亲说:"从小立下志向,长大以后才会有出息呀!"

受了父亲的夸奖,寇准学习的劲头更大了。有时候,夜深人静了,他还点着蜡烛读书。

一天夜里,母亲睡了一觉醒来,发现对面屋里有亮光,窗户纸上映出寇准读书的身影。母亲心疼儿子,怕他累坏了。第二天早上,她来到寇准屋里,只留下一支蜡烛,把剩下的全拿走了。

寇准发觉以后,急得直跺脚。没有蜡烛,夜里没法读书了,他真想哭一场。怎么办呢?他想啊想啊,终于想出了一个办法。

天黑了,他跑到仆人们住的屋里,伸出一双小手,甜甜地笑着说:"给我几支蜡烛吧!"

仆人们看他的样子特别可爱,都愿意给他蜡烛。寇准拿着蜡烛飞快地跑回屋去。这一来，他又可以点上蜡烛读书了。

寇准后来当了宰相。北方的辽国入侵中原的时候，他主张抗战，促使宋真宗上前线亲征，打败了辽军，成为一位受到后人尊敬的政治家。

名人箴言

才华是刀刃，辛苦是磨刀石，很锋利的刀刃，若日久不用不磨，也会生锈，成为废物。　　　　　　　　　　——老舍

周恩来勤奋苦学

南开学校是一所国内闻名的先进学校，对学生要求非常严格。学校里的课业负担很重，常有考试，考得不好就被淘汰或留级，而且学费也很贵。周恩来就在这所学校读书。

当时生活很艰苦困难，可是周恩来为中华崛起而学习的决心十分坚定。他入学后，住宿在学校里，每天起床钟一响，就立刻起床、跑步，保持着在沈阳上小学时锻炼身体的习惯。

起初，他英文基础比较差，为了攻克这一难关，他每天把全部课余时间都用来学英文。到第二年，他的英文就相当好了。后来，就能看许多英文原著了。

他的国文成绩特别好，学校每两星期做一次作文，周恩来的文思敏捷，提笔作文，一气呵成。1916年学校举行的作文比赛，他被评为全校第一名。

他的数学成绩也很好，在笔算速算比赛中，他是48名学生中最快的人。代数得满分，心算比别人笔算还快。

除了课堂学习，他在课外还读了许多书报，尤其是喜欢读孙中山先生领导的革命派办的《民权报》、《民生报》，以及当时中外进步思想家的著作。所以，他的知识丰富，眼界开阔，思想活跃。有一次，他在书店看到了一部精印的《史记》，就毫不犹豫掏出伙食费把它买下，如饥似渴地阅读起来。

那时候，他对学习目的已很清楚。他在一篇题为《一生之计在于勤论》的作文中写道："人一生求学，惟青年为最大之时期，基础立于此日，发达乎将来。"他认为现在努力求学，是为了日后能"作事于社会，服役于国家，以其所学，供之于世"，他是在苦苦地打基础，做准备呀！

由于他的勤奋苦学，品学兼优、使全校师生十分钦佩。校长称他为南开最好的学生，同学说他是在万苦千难中创造出优异的成绩。第二年，经老师推荐，学校破例免去了他的学杂费。周恩来成了全校唯一的免费生。

1917年6月，周恩来以全班第一名的优异成绩毕业了。他在南开学校4年，把自己锻炼成了一个追求进步、品学兼优、多才多艺的青年。

名人箴言

世界上最聪明的人是最老实的人，因为只有老实人才能经得住事实和历史的考验。
——周恩来

张衡观天察地

张衡是东汉时期杰出的科学家。他从小就爱思考问题，对周围的事物，总要寻根究底，弄个水落石出。

一个夏天的晚上，小张衡和爷爷、奶奶在院子里乘凉。他坐在一张竹床上，仰着头，静静地看着天空，还不时举手指指划划，认真地数星星。

张衡对爷爷说："我数的时间久了，看见有的星星位置移动了，原来在东边天空的，跑到西边去了。有的星星出现了，有的星星又不见了。它们是在跑动吗？"

爷爷说道："星星确实是会移动的。你要认识星星，先要看北斗星。你看那边比较明亮的7颗星，连在一起就像熨衣服的熨斗，很容易找到……"

"噢！我找到了！"小张衡很兴奋地问："那么，它是怎样移动的呢？"

爷爷想了想说："大约到半夜，它就移到地平线上，到天快亮的时候，这北斗就翻一个身，倒挂在天空……"

这天晚上，张衡一直睡不着，多次起来看北斗星。夜深人静，当他看到那闪烁而明亮的北斗星果然倒挂着，他感到多么高兴啊！他想：这北斗为什么会这样转来转去，是什么原因呢？天一亮，他便赶去问爷爷，谁知爷爷也讲不清楚。于是，他带着这个问题，读天文书去了。

后来，张衡长大了，皇帝得知他文才出众，把他召到京城洛阳担任太史令，主要掌管天文历法。

为了探明自然界的奥秘，年轻的张衡常常一个人关在书房里读书、研究，还常常站在天文台上观察日月星辰。他想，如果能制造出一种仪器，能够上观天，下察地，预报自然界将要发生的情况，这对人们预防灾害，揭穿那些荒诞的迷信鬼话，该多好啊！

于是，张衡把从书本中学到的知识和观察到的现象进行分析研究，开始了"观天察地"仪器的试制工作。他把研究的心得写成一本书，叫做《灵宪》。在这本书里，他告诉人们：天是球形的，像个鸡蛋，天就像鸡蛋壳，包在地的外面，地就像蛋黄，这就是"浑天说"。

接着，张衡根据这种"浑天说"的理论，开始设计、制造仪器。不知经过多少个风雨晨昏，熬过多少个不眠之夜，浑天仪诞生了，它是当时世界上最先进的天文仪器。这个大铜球很像今天的地球仪，它装在一个倾斜的轴上，利用水力转动，它转动一周的速度恰好和地球自转一周的速度相等。而且在这个人造的天体上，可以准确地看到太空中的星象。张衡说："天上的星星，能见的共有2500颗，但我们经常能看到的却只有120颗。"

后来，张衡经过努力钻研，又发明创造了世界上第一架能预报地震的仪器——地动仪。这个地动仪是钢铸造的，形状像个酒坛，四周铸着8条龙，每条龙口里含着一个小铜球。只要哪一条龙口中的铜球吐了出来，就预示着那个方向发生地震了。测试非常灵验，没有一次不准。

张衡能在科学上创造发明，这跟他从小热爱科学、勤奋学习和不懈地观察实验是分不开的。这些成就都是他通过刻苦钻研才获得的。

名人箴言

人生在勤，不索何获。　　　　　　　　　　——张衡

❖ 齐白石一生勤奋作画

齐白石是我国最著名的画家之一，他最擅长画小虾、小虫等动物。另外，他在篆刻方面也颇有建树。

年轻的时候，齐白石就很喜欢篆刻。有一天，他去拜访一位老篆刻家，老篆刻家说："你去挑一担础石回家，等这一担石头都变成了泥浆，你的印就刻好了。"别的人都以为老篆刻家戏弄齐白石，劝他不要理那老家伙，齐白石却真的挑了一担础石回家，夜以继日地刻着，一边刻，一边拿古代篆刻艺术品来对照琢磨。刻了磨平，磨平了又刻，手上起了血泡，他也不在意。他就那么专心致志地刻呀刻呀，日复一日，年复一年，础石越来越少，而地上的淤泥却越来越厚。最后，一担础石统统都化为了泥，齐白石也练得了一手好篆刻技术，他刻的印雄健、洗练，独树一帜，达到了炉火纯青的地步。

齐白石永远都那么的勤奋、认真，对于画画更是如此。在齐白石的案头摆着一个大海碗，碗里养着几只活蹦乱跳的小虾，这样他就可以随时观察虾的生态特征了。有一次，里面的几只小虾发生了一起搏斗。开始时，小虾两军对峙，双方缓缓挪动，仿佛都在寻找对方的薄弱环节作为攻击点；突然它们举起双钳，猛然间扑上去勇猛格斗，厮杀得难解难分。齐白石被这奇趣的"虾战"深深吸引住了，他趴在碗旁仔细地看呀看呀，真是越看越有味。正是凭着这种认真的态度，齐白石作画时对虾的造型特点掌握得非常准确。早年的时候，他画的虾，长臂和躯干变化不是很大，长须总是平摆的6条长线。经过长期的仔细观察，他画的虾越来越神态多变、生动传神。看那虾双钳闭合，躯干伸展，长须急甩于后，似虾在破水冲跃；看这虾双臂弯曲，长须缓缓摆动，一副休闲的模样，分明在轻浮慢游。

齐白石的勤奋是出了名的。即便90岁高龄时他也坚持每天作画，且一画就是5幅。他有句名言叫："不叫一日闲过"。他还把这句话写出来，挂在墙上借以自勉。

有一次，齐白石过生日。由于他已是一代宗师，学生朋友来了很多。从早到晚，客人络绎不绝，老人笑吟吟地迎来送往，等到夜晚送去最后一批客人，老人再也支持不住，躺下很快便睡着了。

第二天，齐白石一早就起床了，他顾不上吃饭，就先到画室去作画了，家里人都劝他吃饭，他却不肯歇一歇。总算5张画画完了，家人才长长地松了一口气，等着他吃饭。谁知他摊纸挥毫又继续作起画来。家里人怕他累坏了，都说："您不是已画够5张了吗？怎么还画呀？"

他轻轻抬起头说道："昨天生日，客人多，没作画，今天追画几张，以补昨天的'闲过'。"说完，低下头继续作起画来。

正是凭着这种勤奋精神，齐白石的画越作越精，受到了世界人民的喜爱。

■ **名人箴言**

不教一日闲过。　　　　　　　　　　　　　——齐白石

❖ 培养孩子勤奋努力的人格

为纽约市做出过突出贡献的市长爱德华·科克，是20世纪二三

十年代在贫民窟中长大的。他的父亲路易斯·科克是犹太人和波兰移民所生的混血儿，没有接受过正式教育。

来到美国之前，路易斯·科克是一个小商贩，之后经过努力又开了一家加工毛皮的小店铺，但是生意一直不怎么兴隆，到经济大萧条时，小店铺被迫关门了。

用社会的标准来衡量，路易斯·科克几乎没有什么成功可言，但身为父亲的他，由于经历了太多的人生坎坷，所以在日常生活中，总是有意识地培养孩子勤奋、忍耐、坚强、勇气以及付出的品格，让孩子明白这些品质的真正内涵。

在《市民科克传》中，爱德华这样回忆父亲：

我们移居到美国的时候，我刚7岁，我的生活就像又从头开始一样，之后我又多了一个妹妹，一个伙伴，一个共同生活的家庭新成员。

那时我很理解父亲，他快要崩溃了，毛皮制造厂由于经营不善而被迫倒闭，而他知道自己只能沦为别人的员工了。

姑父在纽华克开了一家名为克鲁格尔的舞厅，他给我父亲在舞厅找了一份保管客人衣帽的工作，但是这个似乎是雪中送炭的帮助并没有带给我们赖以生存的生活必需品。

那个时候，我的父亲还得干第二份工作，在曼哈顿一家毛皮加工厂当一名全天候的工人。后来我父亲还找到了第三份工作，并在那里工作了很长一段时间。

对父亲工作的那段时间我记得很清楚：他周末总是工作到凌晨两点半才就寝，平时也是直到午夜才睡，然后第二天早晨四点半就起床，准备乘火车从纽华克到他在纽约的那个工厂上班，这样做的原因是抢在其他求职者前面，好寻找到另一份临时的工作。

父亲的一生都很勤劳，他教给了我们人生需要勤奋的道理。

在父亲的启发和影响下，我也养成了勤奋的习惯。一直到今天，我每天总是五点半起床。

名人箴言

人不光是靠他生来就拥有的一切，而是靠他从学习中所得到的一切来造就自己。
——歌德

◆ 求学不倦的法布尔

法国大科学家法布尔少年时代家境十分贫穷，中学没念完就去谋生了。他曾经沿街叫卖汽水，也在铁路上当过小工。贫困的生活让他逐渐认识到，唯有知识才能帮助他摆脱困境。所以，尽管生活条件极差，他仍然利用一切机会忙里偷闲地自学。15岁时，他以第一名的优异成绩考上了阿维尼翁师范学校，并获得了奖学金。

毕业后，法布尔成了一名中学教师，学校条件很差，他的薪水也很低，勉强能够糊口。但他仍然坚持学习，没钱买书，就到图书馆借阅。他什么书都读，有数学方面的，有物理学方面的，有化学方面的，有教育学方面的，还有生物学方面的。遇到难题时，他更加读得废寝忘食。坚持不懈的业余自修使他获得了自然科学学士学位、数学硕士学位和物理学硕士学位。31岁时，他又以《关于兰科植物节结的研究》和《关于再生器官的解剖学研究及多足纲动物发育的研究》这两篇专业性极强、学术质量极高的论文，获得了自然科学博士学位。

当中学老师时，他曾经很羡慕大学老师，梦想有朝一日能在大学里讲课。由于在中学里坚持自然科学研究并有突出成就，他受到了拿破仑三世的接见。接着，阿维尼翁的大学邀请他不定期地开讲座。当时，法布尔在昆虫学界也已经具有相当大的影响力，连达尔文在《物种起源》中也将他称为"难以效法的观察家"。

■ 名人箴言

时间给勤奋者以荣誉，给懒汉以耻辱。　　——高士其

❖ 被 1885 次拒绝的国际巨星

国际影星史泰龙未成名前，是一个贫困潦倒的穷小子。当时他身上的现金只有 100 美元，唯一的财产，是一部又老又旧的金龟车，而他就睡在车里。史泰龙穷得连停车位的钱也舍不得付，所以他老是将车子停在 24 小时营业的超市门口，因为那里的车位是不用付钱的。史泰龙的理想是成为电影明星。于是他挨家挨户地拜访了好莱坞的所有电影制片公司，寻求演出的机会。

好莱坞约 500 家电影公司，史泰龙逐一拜访过后，任何一家电影公司都不愿意录用他。史泰龙面对 500 来次冷酷的拒绝，毫不灰心。他回过头来，又从第一家开始，挨家挨户地自我推荐。第二轮的拜访，好莱坞电影公司又全都拒绝了他，没有一家肯录用他。

史泰龙坚持自己的信念，将 1000 次以上的拒绝，当做是绝佳的经验，鼓舞自己又从第一家电影公司开始。这一次他不仅争取演出的机会，同时还向对方推荐自己苦心撰写的剧本。

第三轮带着剧本努力拜访好莱坞电影公司的史泰龙，有没有成功呢？答案还是一样，好莱坞的电影公司全都拒绝了他。

史泰龙总共经历了 1885 次严厉的拒绝，无数的冷嘲热讽，总算

有一家电影公司愿意采用他的剧本,并聘请他担任自己剧本中的男主角。

这部影片的名字叫做《洛基》,使得他在电影界一炮而红。从此以后,史泰龙每一部影片都十分卖座,也奠定了他国际巨星的地位。

从身上仅剩下100美元的穷小子,到每部影片片酬超过2000万美元的超级巨星,史泰龙凭借坚强的意志和不懈的努力,实现了自己的人生梦想。

名人箴言

只有勤奋不懈的努力才能够获得那些技巧,因此,我们可以确切地说:不积跬步,无以至千里。　　——贝多芬

❖ 不为眼睛看不见东西而痛苦

有一个眼睛失明的少年擅长弹琴击鼓,邻里有一个书生过来问他:"你有多大年纪了?"

少年说:"15岁了。"

"你什么时候失明的?"

"3岁的时候。"

"那么你失明已经有12年了,整日里昏天黑地,不知道日月山川和人间社会的形态,不知道容貌的美丑和风景的秀丽,岂不是太可悲了吗?"

那失明的少年笑着说:"你只知道盲人是盲的,而不知道不盲的人也实际上大都是盲的。我虽然眼睛看不见,但四肢和身体却是自

由自在的。听声音我便知道是谁，听言谈便知道或是或非。我还能估计道路的状况来调节步速的快慢，很少有跌倒的危险。我全身心地投入自己所擅长的工作中去，精益求精，而不浪费精力去应付那些无聊的事情。这样久而久之也就习惯了，我不再为眼睛看不见东西而感到痛苦。可是当今一些人虽然有眼睛，但他们利令智昏，看见丑恶的东西十分热衷，对贤明与愚笨不会分辨，邪与正不能解释，治与乱也不知原因，诗书放在眼前却成天胡思乱想，始终不能领会其要旨。还有的人倒行逆施，胡作非为，跌倒之后还不清醒，最后掉进了罗网。这些人难道没有眼睛吗？那些睁着眼而昏天黑地乱窜的人难道不也是盲人么？他们实际上比我这个生理上的盲人更可悲可叹呀！"

书生无言以对。

■名人箴言

　　勤奋使人成功。　　　　　　　　　　　　　——爱迪生

◆ 坚持练习打字的母亲

　　鲍勃回到家里的时候，被眼前的景象惊住了：母亲双手掩着脸埋在沙发里——她在哭泣。他还从未见她流过泪。

　　"妈妈，"鲍勃问道，"出什么事了？"

　　她深深地吸了口气，勉强露出一丝笑容。"没有，真的。没什么大不了的事。只是，我那个刚到手的工作就要丢掉了。我的打字速度跟不上。"

　　"可您才干了3天啊，"鲍勃说，"您会成功的。"他不由地重复

起她的话来。在他学习上遇到困难，或者面临着某件大事时，她曾经上百次地这样鼓励他。

"不，"她伤心地说，"没有时间了，很简单，我不能胜任。因为我，办公室里的其他人不得不做双倍的工作。"

"一定是他们让您干得太多了。"鲍勃不服气，她只看到自己的无能，他却希望发现其中有不公。然而，她太正直，他无可奈何。

"我总是对自己说，我要学什么，没有不成功的，而且，大多数时候，这话也都兑现了。可这回我办不到了。"她沮丧地说道。

鲍勃说不出话。

几天后，母亲平静了些。她站起身，擦去眼泪说："好了，我的孩子，就这样了。我可以是个差劲的打字员，但我不是条寄生虫，我不愿做我不能胜任的工作，我可以干些别的。"

时隔8天，她接受了一个纺织成品售货员的职业。

然而，此后，妈妈每晚仍坚持着练习打字。

名人箴言

忍耐和坚持虽是痛苦的事情，却能渐渐地为你带来好处。

——奥维德

徐悲鸿刻苦学画

徐悲鸿出生于宜兴县一个贫穷的教书人家。早年的生活十分艰苦，他在一幅作品题诗中曾说"少小也曾锥刺股"，以此来形容他年轻时的艰难生活。

徐悲鸿的父亲是位半耕半读的村塾老师，同时也是位乡间画师。

徐悲鸿6岁开始跟父亲读书，因为常常看见父亲画画，7岁时对画画产生了浓厚的兴趣。但父亲认为7岁的孩子年纪太小，不肯教他。一天，他念书念到卞庄子刺虎的故事，就偷偷地求人画一只老虎，自己依着样子描绘。父亲知道儿子实在喜欢画画，在他9岁的时候，就让他每天摹一幅当时流行的《吴友如画本》，徐悲鸿正式开始学习画画。

徐悲鸿在10岁的时候就能帮父亲在画上不重要的部分添染颜色。但由于生活的艰难，他17岁便辍学到一家中学里教画画来帮助家用。19岁那年，他的父亲逝去，家里负债很多，弟妹也需供养，他只得在县里3家学校担任教课来维持全家的生计。

沉重的家庭担子压不住他上进的决心，为了学美术，他来到上海。他曾企图把画寄给当时的《小说月报》，以求换得买米之钱，但却被无情退回。他那时寄居在一家赌场里，白天用功，晚上等客人散了，才摊开铺盖在赌桌上睡觉。他还常常吃不到饭，也找不到工作。徐悲鸿甚至为此有过自杀的念头，据他后来回忆，他曾经狂奔到黄浦江边，想要结束自己的生命。浑浊而奔腾的江水汹涌地冲击着江岸，轮船的汽笛尖锐地吼叫着，他解开衣襟，让无情的风打在他年轻的胸脯上。当一阵寒冷的战栗从脚跟慢慢传递到全身时，他才清醒地认识到："一个人到了山穷水尽的地步而能自拔，才不算懦弱呵！"

1915年，当人们都在用锣鼓爆竹迎接新年的时候，青年徐悲鸿却饿着肚子给一家叫做"审美书馆"的出版社用颜色填染单色印刷的杂志封面（那时印刷术落后，没有彩色印刷，杂志封面是雇人用手工填色的。审美书馆的主办人，就是著名的岭南画派导师高剑父、高奇峰兄弟）。等拿到报酬，他的肚子已经空了好几天了。

1916年，徐悲鸿考进复旦学院，攻读法文。他是穿着父亲去世时的丧服，噙着眼泪踏进这所学校的。

　　徐悲鸿的作品逐渐受到社会的关注。除了高剑父兄弟外，当时的文化名人康有为、蔡元培等也给予他鼓励和帮助。1917年，22岁的青年徐悲鸿已经被聘为北京大学画法研究会的导师，又得到北洋政府的教育总长、大学者傅增湘（沅叔）先生的帮助，派他到法国去留学。可是出国不久，因为内战，他的经济来源就断绝了。他经常用干面包就白开水度日，并且不间断地从事每天10小时以上的劳作。他用功练习素描，临摹古代的名画，并努力于国画和油画的创作，还给书店画书籍插图及写一些散稿来维持生活。正是艰苦的生活使徐悲鸿练就了精湛的绘画技巧，成为一代国画大师。

　　由于徐悲鸿曾经经历过艰苦的生活，所以在他的一生中，凡是遇到年轻有为、肯用功吃苦的人，或穷苦无告的人，他总是给予莫大的同情，并且尽一切可能去帮助和鼓励他。1928年，他给当时的福建当局画了一幅壁画，画好后他辞谢了给他个人的金钱报酬，却提出要福建省派送两个青年出国学习艺术。这两个青年一位是油画家吕斯百，一位是雕刻家王临乙，二人后来学成归国，对我国艺术都卓有贡献。

名人箴言

　　学艺之道无它，锻炼意志第一。　　——徐悲鸿

三年不窥园

　　一代儒学大师董仲舒，自幼天资聪颖，少年时酷爱学习，读起书来常常忘记吃饭和睡觉。其父董太公看在眼里急在心上，为了让

孩子能歇歇，他决定在宅后修筑一个花园，让孩子能有机会到花园散散心歇歇脑子。

第一年，董太公一边派人到南方学习人家的花园是怎样修建的，一边准备砖瓦木料。头一年动工，园里阳光明媚、绿草如茵、鸟语花香、蜂飞蝶舞。姐姐多次邀请董仲舒到园中玩，他却手捧竹简，只是摇头，继续学孔子的《春秋》，背先生布置的诗经。

第二年，小花园里建起了假山。邻居、亲戚的孩子纷纷爬到假山上玩。小伙伴们叫他，他动也不动，低着头，在竹简上刻写诗文，头都顾不上抬一抬。

第三年，后花园建成了。亲戚朋友携儿带女前来观看，都夸董家花园建得精致。父母叫仲舒去玩，他只是点点头，仍埋头学习。中秋节晚上，董仲舒全家在花园中边吃月饼边赏月，可就是不见董仲舒的踪影。原来董仲舒趁家人在赏月之机，又找先生研讨诗文去了。

随着年龄的增长，董仲舒的求知欲愈见强烈，他遍读了儒家、道家、阴阳家、法家等各家书籍，最后成为令人敬仰的儒学大师。

名人箴言

事在勉强而已，勉强求学则见闻广而智力明，勉强修养，则德日起而大有功。
——董仲舒

米丘林的梦想

米丘林出生在俄国中部的一个小村庄。小时候，他特别喜欢读书，渴望与其他孩子一样能够上学，但是由于家里贫穷，上学很迟，直到 17 岁那年他才从小学毕业。虽然他的伯父资助他考上了省立中学，但是当时的校长比较贪婪，他嫌米丘林没有给他送礼，就找茬儿把米丘林开除了。这使米丘林受到了沉重的打击，使他从此结束了学生生涯。不过，这没有让他放弃学习。他到科兹洛夫火车站当了一名小职员，一边工作，一边坚持自学。

米丘林的父亲喜欢养花栽树，他们有一个小小的果园，所以米丘林从小就喜欢园艺，还跟着父亲学了些园艺知识。他在火车站工作的时候，也没有放弃对园艺的追求。他几乎把所有的业余时间和精力都花在了研究栽培果树上面。米丘林有自己的想法，因为大多数果树都不宜在俄罗斯中部寒冷的气候中生长，他便想改变果树的本性，培育出一种耐寒的优良果树品种。

要实现这一改良计划，首先要解决的就是资金问题。米丘林的收入本来就不多，既要维持日常生活，又要用来培育果苗。这使得他生活异常拮据。为了补贴生计，他只得用业余时间修理钟表挣些钱。他的妻子非常支持他，并帮助他把一块荒地变成了整齐的苗圃，供他做育苗实验地。

然而，要成就这番事业，光有一股拼搏精神是远远不够的。起初为了培育新品种，他按照当时流行的各种方法来实验，结果都失败了。但这些失败并没有打垮他，反而促使他从失败中吸取教训，加强了对科学知识的学习。他通过自学系统掌握了包括气候、土壤、遗传等相关知识。他也经常外出向人求教，并阅读大量的科学著作，其中达尔文的物种起源和进化论学说给了他莫大的启示。

经过刻苦努力，他找到了培育新品种的思路。接下来，他便一次又一次地实验，终于研制出培育新品种的方法，即著名的杂交育种法，圆了他多年的梦想。

> **名人箴言**
>
> 每一发奋努力的背后，必有加倍的赏赐。　　——佚名

◆ 八倍的辛劳

赖斯小时候，美国的种族歧视还很严重，特别是在她生活的伯明翰，黑人地位低下，处处受白人欺压。赖斯10岁时全家到首都游览，却因身份是黑人，不能进入白宫参观。小赖斯倍感羞辱，凝神远望白宫良久，然后回身一字一顿地告诉父亲："总有一天，我会成为那房子的主人！"赖斯的父母很赞赏她的志向，就经常向她灌输这样的思想："改善黑人状况的最好办法就是取得非凡的成就，如果你拿出双倍的劲头往前冲，或许能赶上白人的一半；如果你愿意付出4倍的辛劳，就得以跟白人并驾齐驱；如果你愿意付出8倍的辛劳，就一定能赶在白人前头。"

父母的教育给了赖斯极大的鼓励，她数十年如一日，以超过白人8倍的辛劳发奋学习，积累知识，增长才干。普通人只会讲英语，她则除母语外还学习了俄语、法语、西班牙语，且都十分精通；别人大多只是在一般大学学习，她则考进名校丹佛大学拿到博士学位；普通人26岁可能研究生还没有读完，而她已经是斯坦福大学最年轻的教授，随后又出任了斯坦福大学历史上最年轻的教务长；别人大多不会弹钢琴，可她不仅精于此道，还曾获得美国青少年钢琴大赛第一名；此外，她还精心学习了网球、花样滑冰、芭蕾舞、礼仪等，别人能做到的她要做到，别人做不到的她也要做到。普通的美国妇女可能只知道遥远的俄罗斯是一个寒冷的国家，而她却是美国国内

数一数二的俄罗斯武器控制问题的权威。天道酬勤，"8倍的辛劳"换来了"8倍的成就"，她终于脱颖而出，一飞冲天，成为美国出色的国务卿。

■ 名人箴言

每一个成功者的秘诀，是坚定不移的志向，和热烈不懈的工作。

——马尔顿

◆ 笨鸟先飞

钟训正院士是东南大学建筑系的教授。他在读大学时，因故晚了一个多月才到校，报到时"投影几何学"已经讲了不少。因此，他在课堂测验中，只能连猜带蒙地"答"，得分自然就"惨不忍睹"。钟训正的对策很简单——笨鸟先飞。每次课前必先认真预习，将新内容先领悟，课后再挤时间复习、补习。等到这门课结束时，他已经是班上做题速度最快、准确率最高的学生了。

"文革"期间，钟训正除了参加那些不得不参加的政治运动和体力劳动之外，他把所有的精力都放在了搜集、抄录国外各种各样的建筑构造大样上。他的恩师杨廷宝曾教导他："不要囿于学习一家的技法，而应该尽量吸收各家所长，加以融会贯通。"参加工作后，他感到自己与许多建筑设计师一样，缺乏技术经验。于是，他的桌上堆起了800多幅图纸，亲手编著了那本在当时深受学生和设计师推崇的《国外建筑装修构造图》。钟训正日后形成的细腻、舒展的建筑风格，娴熟的建筑画技法，就是此时打下的基础。

后来，钟训正因主持设计的无锡太湖饭店新楼荣获了国家教委优秀设计一等奖和建设部优秀设计二等奖,被学校作为访问学者派往美国印第安纳州包尔大学学习。尽管作为访问学者,工作清闲,待遇丰厚,而他却离开学校,跑到当地的建筑事务所去工作了。两年以后,钟训正在美国建筑界留下极好的口碑,并带回了美国建筑师打破常规的思维方式、追求建筑与环境浑然天成的设计思想。回国后,他联合孙钟阳、王文卿教授成立了"正阳卿工作组"。随着一个个优秀作品的问世,"正阳卿"闻名全国建筑行业。

近几年,一些地方在政府门前竞相建起"政府广场",一个比一个宽敞、豪华。于是,钟训正又忍耐不住了,撰文《城市的绿化和公共活动空间》在媒体上呼吁:"停止这些劳民伤财的工程,多建造属于老百姓的绿地和公共活动场所。"据悉,此文发表后不久,中央就发文要求停建"政府广场"。钟训正的见识和胆量,在建筑界得到了公认。

■名人箴言

所有坚忍不拔的努力迟早都会得到报酬。　　——安格尔

◆ 天道酬勤

很久以前,泰国有个叫奈哈松的人一心想成为大富翁,他觉得成功的捷径便是学会炼金术。他把全部的时间、金钱和精力都用在了炼金术的实践中。不久,他花光了自己的全部积蓄,家中变得一贫如洗,常常吃了上顿没下顿。妻子无奈,跑到父母那里诉苦,她父母决定帮女婿改掉恶习。他们对奈哈松说:"我们已经掌握了炼金术,只是现在还缺少炼金的东西。"

"快告诉我,还缺少什么东西?"

"那好吧,我们可以让你知道这个秘密,我们需要3公斤从香蕉叶下搜集起来的白色绒毛,这些绒毛必须是你自己种的香蕉树上的,等到收齐绒毛后,我们便告诉你炼金的方法。"

奈哈松满心欢喜地回到家里,立即将已荒废多年的田地种上香蕉。为了尽快凑齐绒毛,他除了种自家以前有的田地外,还开垦了大量的荒地。当香蕉成熟后,他小心地从每片香蕉叶下搜刮白绒毛,而他的妻子和儿女则抬着一串串香蕉到市场上去卖。

就这样,10年过去了,他终于收集够了3公斤的绒毛。这天,他一脸兴奋地提着绒毛来到岳父的家里,向岳父讨要炼金之术。岳父指着院中的一间房子说:"去把那边的房门打开看看。"

奈哈松打开那扇门,他看到满屋的黄金,他的妻子和儿女都站在屋中。妻子告诉他,这些金子都是他10年里所种的香蕉换来的。

面对满屋实实在在的黄金,奈哈松恍然大悟。从此,他更加努力劳作,终于成了一位富翁。

▎名人箴言

兴盛之象,无非由勤苦而来;衰败之家,莫不因懒惰所致;是贫富贵贱,即勤惰之所忧分。　　　　　——冯玉祥

◆ 龙飞凤舞的背后

有一天,柳公权和几个小伙伴举行"书会"。这时,一个卖豆腐的老人看到他写的几个字"会写飞凤家,敢在人前夸",觉得这孩子太骄傲了,便皱皱眉头,说:"这字写得并不好,好像我的豆腐一

样，软塌塌的，没筋没骨，还值得在人前夸吗？"小公权一听，很不高兴地说："有本事，你写几个字让我看看。"

老人爽朗地笑了笑，说："不敢，不敢，我是一个粗人，写不好字。可是，人家有人用脚都写得比你好得多呢！不信，你到京城看看去吧。"

第二天，小公权起了个大早，独自去了京城。一进京城，他就看见一棵大槐树下围了许多人。他挤进人群，只见一个没有双臂的黑瘦老头赤着双脚，坐在地上，左脚压纸，右脚夹笔，正挥洒自如地写对联，笔下的字迹似群马奔腾、龙飞凤舞，博得围观的人们阵阵喝彩。

小公权"扑通"一声跪在老人面前，说："我愿意拜您为师，请您告诉我写字的秘诀……"老人慌忙用脚拉起小公权说："我是个孤苦的人，生来没手，只得靠脚写字谋生，怎么能为人师表呢？"小公权苦苦哀求，老人才在地上铺了一张纸，用右脚写了几个字：

"写尽八缸水，砚染涝池黑；博取百家长，始得龙凤飞"。

柳公权把老人的话牢记在心，从此发奋练字。手上磨起了厚厚的茧子，衣肘补了一层又一层。经过苦练，柳公权终于成为我国著名书法家。

名人箴言

科学是为了那些勤奋好学的人，诗歌是为了那些知识渊博的人。
——约瑟夫·鲁

◆ 站在巨人的肩上

1946年2月7日，朱清时出生于四川省成都市的一个知识分子家庭。他的父亲朱穆雍是1940年成都华西大学社会觉察系的毕业生，新中国成立后，因其曾在国民党政府中做过小职员，终被定成反革命。母亲只好早出晚归干零活以养活一群子女。

11岁时，朱清时就寄宿在他所读的成都十三中，开始了自立的生活。艰苦的生活、无奈的孤独，小清时唯有沉浸在知识的海洋中，才会忘却压在幼小心灵上的阴霾。除了在课堂上刻苦学习外，课余和周末，当别的同学都欢欢喜喜地回家与家人团聚，享受天伦之乐时，小清时只有以书相伴。无钱买书就去旧书店看书，一看就是几个小时。有时就到四川省成都市图书馆坐上一天半天的。

进入中学后，他学习异常刻苦。1962年，朱清时在成都市举行的首届中学生数学竞赛中，荣获一等奖。辛勤耕耘带来了收获，也为他带来了幸运。

1963年，朱清时以优异的成绩考取了中国科技大学近代物理系。

大学的生活是紧张而有序的。每天早起，朱清时从校园一直跑到八宝山顶，再跑回来。晚上，下了晚自习，临睡前必用凉水冲澡。因为他认为要担当大任，一定要苦其心志，饿其体肤。在中国科大这所由中科院建立并由科学家任教的神圣殿堂里，朱清时为能亲耳聆听许多著名科学家的教导而激动，为能吮吸到无数知识琼浆而欣喜若狂。

1968年分配时，朱清时主动要求到青海工作。起初他的工作是每天晚上爬进刚炼完铁的炉膛里，把炉壁上被烧坏的耐火砖一块块地敲下来，再一块块地换上新的。炉膛里的余热往往在70℃~80℃，劳动量之大、之难是显而易见的。半年后，厂长发现了这块材料，让他掌管着全厂大部分原材料和设备维修，零配件的采购、库存和使用计划，同时兼做采购员。他一人干着几个人的工作，竟能干得井井有条，而且十分轻松。

　　工作之余，朱清时抓紧一切时间刻苦钻研。他不但读了大量的科技书，还发表了两篇学术论文，引起了不小的轰动。

　　1974年，由于坚实的学术基础，他考进了中科院盐湖所。在所里，他是唯一能读懂原版科技资料的研究人员。

　　1978年，朱清时被选做中科院首批出国进修人员，在华盛顿的圣巴巴拉大学学习。在美国的两年中，他发奋攻读，几乎放弃了一切娱乐，闯过了一道道难关。到美国的第二年，朱清时转到了麻省理工学院。此后的一年中，他先后发表论文7篇。在一次学术会议上，他的导师用无比欣喜的语气向与会者介绍道："朱清时几周内完成的工作，美国学生通常要干上一年。"1981年6月，第36届国际分子光谱学讨论会在俄亥俄州召开，年仅35岁的朱清时应邀担任了分会的主席。

　　公派两年到期后，麻省理工学院又聘请他做"博士后"研究员继续工作。但他认为在美国虽可出研究成果，但均是在别人划定的框子里完成的，要想真正最大限度地实现人生价值还得回国发展。

　　回国后，他又做出了一系列成绩，多次荣获世界著名奖项。直至现今任中国科大副校长、中科院院士。

名人箴言

钢铁是怎样炼成的？钢是在烈火里燃烧，高度冷却中形成的，于是它变得坚固而无所畏惧。　　——奥斯特洛夫斯基

> 鲁迅先生说:"伟大的事业同辛勤的劳动是成正比例的,有一分劳动就有一分收获,日积月累,从少到多,奇迹就会出现。"

❖ 童第周的座右铭

童第周小时候好奇心十分强,看到不懂的问题往往要向父亲问个为什么。父亲每次都不厌其烦地耐心给他讲解。

一天,童第周看到屋檐下的石阶上整整齐齐地排列着一行小坑,他觉得十分奇怪,琢磨半天弄不明白是怎么回事,便去问父亲:"父亲,那屋檐下石板上的小坑是谁敲出来的?是做什么用的呀?"父亲看到儿子这么好奇,高兴地说:"这不是人凿的,这是檐头上的水滴下来敲的。"小童第周更奇怪了,水还能把坚硬的石头敲出坑?父亲耐心地解释说:"一滴水当然敲不出坑,但是天长日久,点点滴滴不断地敲,不但能敲出坑,还能敲出一个洞呢!古人不是常说'滴水穿石'嘛!就是这个道理。"父亲的一席话,在小童第周的心里激起了一阵阵涟漪,他坐在屋檐下的石阶上,望着父亲,似懂非懂地点了点头。

由于农活比较多，童第周对学习有些失去兴趣，不想读书了。父亲耐心地开导童第周说："你还记得'滴水穿石'的故事吗？小小的檐水只要长年坚持不懈，能把坚硬的石头敲穿。难道一个人的恒心不如檐水吗？学知识也要靠一点一滴积累，坚持不懈才能获得成功。"为了更好地鼓励童第周，父亲书写了"滴水穿石"四个大字赠给他，并充满期望地说："你要把它作为座右铭，永志不忘。"

从此，童第周便在"滴水穿石"这四个字的激励下勤奋学习，最终有所成就。

名人箴言

一分时间，一分成果。对科学工作者来说，不是一天八小时，而是寸阴必珍，寸阳必争！　　　　　　——童第周

◆ 少年苏东坡勤奋学习的故事

"识遍天下字，读尽人间书"。这是少年苏东坡在一片赞扬声中，乘兴写的一副对联。他把这副对联贴在自家门前，久久端详，不肯离去。

苏东坡自幼天资聪颖，在饮誉文坛的父亲的悉心教育和耐心指导下，他逐渐养成了勤学好问的习惯，很有一股子"打破砂锅问到底"的劲头。经过几年的奋发努力，他的学业大有长进。小小年纪，就已经读了许多书，渐能出笔成章了。父亲的至亲好友看了，都赞不绝口，称他是个难得的"神童"，预言他必是文坛的奇才。

少年苏东坡在一片赞扬声中，不免有些飘飘然起来。他自以为

知识渊博，才智过人，颇有点自傲。一天，他洋洋自得地取过笔墨和纸，挥毫写下了以上的这副对联。他刚把对联贴在门前，就有位白发老翁路过他家门口，好奇地近前观看。这位老翁看过，深感这位苏公子太自不量力，过于自信了。

过了两天，这位老翁手持一本书，来苏府面见小东坡，言称自己才疏学浅，特来向小苏公子求教。苏东坡满不在乎地接过书本，翻开一看，那上面的字他竟一个都不认识，顿时红了脸。老翁见状，不露声色地向前挪了几步，恭恭敬敬地说道："请赐教。"一句话激得小东坡脸红一阵、白一阵，心里很不是滋味。无奈，他只得鼓足勇气，如实告诉老翁他并不认识这些字。老翁听了哈哈大笑，捋着白胡子又激他道："苏公子，你不是'识遍天下字，读尽人间书'了吗？怎么会不识此书之字？"言罢，拿过书本，扭头便走。

苏东坡望着老翁的背影，思前想后，甚是惭愧。他终于从老翁的话中悟出了真谛，立即提笔来到门前，在那副对联的上下联前各加了两个字，使对联变成为：

发奋识遍天下字

立志读尽人间书

这次，他依然端详了好久，并发誓，要活到老，学到老，永不满足，永不自傲。从此，他手不释卷，朝夕攻读，虚心求教，文学造诣日深，终于成为北宋文学界和书画界的佼佼者，博得了"唐宋八大家"之一的盛誉。

■名人箴言

　　博观而约取，厚积而薄发。　　　　　　　　——苏东坡

❖ 只要能学习

曾获1979年诺贝尔奖的英国化学家布朗，从小父亲就很支持他读书。尽管家里并不宽裕，父亲还是把小布朗送到了一所较好的学校去读书。学校里富人多穷人少，而富人的孩子欺负穷人的孩子也就成了家常便饭。布朗在班里是学习最好的学生，也是最穷的学生。由于他的勤奋和聪明，很得老师的喜欢，那些富家子弟便对布朗不满起来，总想找机会教训他。

在一次数学课上，老师在黑板上写了一道题让同学来做，调皮的约翰又在下面捣蛋，老师点名批评了他，并说："要是你能像布朗那样听话爱学习，你的成绩就不会那样糟糕了！"说完让他上讲台做题，不爱学习的约翰当然做不出来，被罚站在一边。接着老师又让布朗来做，布朗走到黑板前，很快就做完了，而且结果完全正确，老师又一次夸奖了布朗。老师没想到这件事给布朗带来了灾难。

那天放学后，布朗走出校门，正要拐弯，却见约翰和几个小孩拦在了自己前面，几个人不由分说就把布朗按在地上，对他一阵拳打脚踢，打得布朗躺在地上动弹不得。

约翰对布朗说："谁叫你那么逞能呀，下次再敢逞能就打扁你！"当布朗身上青一块紫一块、一瘸一拐地回到家时，父母都吓坏了，他们问明情况后非常难过，妈妈甚至抱着布朗说："以后不要上学了。"布朗听了连忙说："不，我要上学，我要读书。"

"可是他们还会欺负你的！"

布朗听到这里低下了头，过了一会儿他抬起头来，眼睛里含着两颗大大的泪珠说："爸爸，帮我转学吧！"

于是，父亲只得把布朗转到离家很近的一所黑人贫民学校。这所学校的条件很差，教室昏暗，环境脏乱，傲慢的白人老师还不肯按时来上课。但这一切都不能阻止布朗求学的决心，他学习非常勤奋。

布朗回到家里还要自学，家里晚上舍不得开灯，他就到光线很暗的路灯下学习。久而久之，大家都知道有一个13岁左右的小孩子风雨无阻地每天晚上在路灯下看书，雨雪的时候撑把伞，寒冷的时候加件衣服。

一次父亲很心疼地问他："布朗，你觉得自己辛苦吗？"布朗摇摇头说："只要能读书，能上学，再苦再累都值得。"听他这样说，爸爸的眼睛一下子湿润了。

后来，布朗看了一本《普通化学》，迷上了神秘奇妙的化学。他选择了"定性分析化学"和"定量分析化学"两门课，不久他就考上了芝加哥大学并获得了奖学金，而且以插班生的身份直接进入三年级学习。他毕业后留校担任化学老师，开始了他的研究生涯。最终他凭借自己的好学和努力获得了诺贝尔化学奖，取得了人生的辉煌成就。

■ 名人箴言

天才不是别的，而是辛劳和勤奋。　　——威·霍格思

三多三上

欧阳修是我国北宋的文坛泰斗，名列"唐宋散文八大家"中

"宋六大家"之首,他在诗、词、散文、历史著述等方面都取得了令人瞩目的成就。他是怎么取得这些成就的呢?

欧阳修4岁时,父亲欧阳观不幸病逝,他没有为妻儿留下任何财产。母亲郑氏带着一儿一女,生活相当艰难。有一天,欧阳修看见村里的其他孩子能上学念书,非常羡慕,他回家对母亲说:"妈妈,送我去读书吧,我要认字……"母亲看着他,说:"好孩子,妈妈教你认字好不好?"听说能认字,他高兴得跳起来。由于家中贫困,买不起纸和笔,母亲便在离长江不远的一条小河旁,用河边的芦苇秆当笔,把沙子地摊平当做纸,教欧阳修学习写字。母亲每教一个字,他都反复诵读,一笔一画,都牢记在心。春天去了,秋天来了,无论是寒冷的冬天,还是炎热的夏天,他都坚持学习,养成了勤奋好学的习惯。就这样,两年后,他已认识2000多个字,已经能自己读书了。

很快,家藏书籍都被他读完了,家里没有钱买书,欧阳修就经常到附近藏书多的人家去借书读,有时候还把借来的书抄录下来。一次,他去一个姓李的人家借书,从那家的废纸堆里发现一本旧书,他拿起一看,原来是唐代文学家韩愈的文集,于是他就请求主人把这本旧书借给他,主人被他的这种好学的精神感动了,就把这本书送给了他。他把书带回家里细细阅读,顿时被韩愈深厚雄博的文笔折服,一口气读到深夜,忘了吃饭,也忘了睡觉。从此,他有意效仿韩愈的文章,学习古文写作。由于他学习一丝不苟,十多岁时,他的文章已写得相当老练,连成年人也自愧不如。人家问他学习的诀窍,他说:"学习要靠三多,即多看、多做、多思考。"

欧阳修做官以后,事务繁忙,但他仍坚持读书、写作。后来,有人问他那么忙,他是怎么读书写作的。他说,他是利用了"三上":枕上、厕上、马上。也就是说,他是利用睡觉的时候、上厕所的时候、骑马走路的时候来读书写作的。

欧阳修正是靠了这"三多"、"三上",才能在宋代文坛上独领风骚。

▍名人箴言

春天不播种,夏天就不生长,秋天就不能收割,冬天就不能品尝。

——海涅

❖ 鲁迅争分夺秒

鲁迅,原名周树人,是我国近代出色的文学家。

鲁迅的成功,有一个重要的秘诀,就是珍惜时间。鲁迅12岁在绍兴城读私塾的时候,父亲正患着重病,两个弟弟年纪尚幼,鲁迅不仅经常上当铺,跑药店,还得帮助母亲做家务。为免影响学业,他必须做好精确的时间安排。

此后,鲁迅几乎每天都在挤时间。他说过:"时间,就像海绵里的水,只要你挤,总是有的。"鲁迅读书的兴趣十分广泛,又喜欢写作,他对于民间艺术,特别是传说、绘画,也深切爱好;正因为他广泛涉猎,多方面学习,所以时间对他来说,实在非常重要。他一生多病,工作条件和生活环境都不好,但他每天都要工作到深夜才肯休息。

在鲁迅的眼中,时间就如同生命。他曾说:"美国人说,时间就是金钱。但我想:时间就是性命。倘若无端的空耗别人的时间,其实是无异于谋财害命的。"因此,鲁迅最讨厌那些成天东家跑跑,西家坐坐,说长道短的人,在他忙于工作的时候,如果有人来找他聊天或闲扯，即使是很要好的朋友，他也会毫不客气地对人家说："唉，你又来了，就没有别的事好做吗？"

名人箴言

哪里有什么天才，我是把别人喝咖啡的工夫都用在了工作上。

——鲁迅

◆ 积小流成江海

叶奕绳是明末清初文学家。他小时候生性迟钝，记忆力非常差，读起书来往往如过眼烟云，前面的内容刚读完，读到后边时就把前面刚读过的忘光了。不过，叶奕绳并没有因为自己的天资较差而沉沦，反而更加奋发苦读，并创造性地想出了一个"约取"而"实得"的读书方法。他是如何"约取实得"的呢？

为了克服自己先天资质不足的缺陷，叶奕绳每读一本书的时候，就把凡是自己喜欢的篇章、段落或是格言、警句，都用纸片抄录下来，认认真真地诵读十几遍，然后再把它们一张一张地贴在墙上。他每天多的时候抄上十几段，少的时候也要抄六七段。每当他读书读得累了，需要休息一会儿的时候，他就在房间里来回踱步，一边踱步，一边重读墙上贴的那些纸片。每天，他都要把墙壁上的纸片读三五次，直到把它们读得滚瓜烂熟、一字不落才停止。等到四面墙壁都贴满了，他就把过去所贴的纸片取下并收藏起来，然后再把当日新抄的纸片贴上去，填补墙壁上的空白。就这样，随取随补，从不间断，一年下来，他用这种方法，至少可以积累3000多段精彩的文字。数年之后，他肚子里的"墨水"就很可观了。

由于有了丰富的语言积累和知识积累，他写起文章来便"下笔如有神"了。后来，叶奕绳竟成了一名学识渊博、文采横溢、擅长戏曲的著名文学家。他在总结自己的读书经验时，深有感触地说："不如予之约取而实得也。"意思是读起书来，与其浮光掠影，一无所获，还不如像我这样每天记一点儿，看起来似乎学到的知识不算太多，但是日积月累，到时候实际收获的却也不少！

■名人箴言

成功＝艰苦劳动＋正确方法＋少说空话。

——爱因斯坦

不动笔墨不读书

毛泽东从小就喜欢读书，他总是利用劳动间歇读书，有时白天干活儿，晚上读书，这使他养成了挤时间读书的好习惯。他参加革命的时候，一直很忙，也总是挤出时间，哪怕是分分秒秒，也要用来看书学习。在下水游泳之前活动身体的几分钟里，有时还要看上几句名人的诗词。上厕所的几分钟时间，他也从不白白地浪费掉。一部重刻宋代淳熙本的《昭明文选》和其他一些书刊，他就是利用这些时间，今天看一点儿，明天看一点儿，断断续续看完的。即使外出开会或视察工作，途中列车震荡颠簸，他也全然不顾，总是一手拿着放大镜，一手按着书页，阅读不辍。晚年的时候，他虽重病在身，仍坚持阅读。有一次，毛泽东发烧到39度多，医生为了保护他的身体，不准他看书。可他难过地说："我一辈子爱读书，现在你们不让我看书，叫我躺在这里，整天就是吃饭、睡觉，你们知道我是多么的难受啊！"工作人员不得已，只好把拿走的书又放在他身边，他这才高兴地露出笑脸。

毛泽东读书十分讲求效果。几十年来，他每阅读一本书，一篇文章，都要在重要的地方画上圈、杠、点等各种符号，在书眉和空白的地方写上许多批语。有的还把文中精当的地方摘录下来或随时写下读书笔记、心得体会。毛泽东所藏的书中，许多是朱墨纷呈，批语、圈点勾画满书，直线、曲线、双直线、三直线、单圈、双圈、三角、叉叉等符号比比皆是。他在读《韩昌黎诗文全集》时，除少数篇章外，每一篇都仔细琢磨，认真钻研，从词汇、句读、章节到全文意义，哪一方面也不放过。通过反复诵读和吟咏，韩愈的大部分诗文他都能流利地背诵。他看过的《红楼梦》的版本差不多有10种以上。一部《昭明文选》，他批注阅读过的版本，现存的就有3种。一些马列主义、哲学方面的书籍，如《联共党史》、《共产党宣言》、《资本论》、《列宁选集》等，他都反复研读过，许多章节和段落还做了批注和勾画。

毛泽东的读书兴趣十分广泛，包括哲学、政治、经济、历史、文学、军事等社会科学甚至一些自然科学方面的书籍。他提倡"古为今用"、"洋为中用"，在他的著作、讲话中，常常引用中外史书上的历史典故来生动地阐明深刻的道理。他也常常借助历史的经验和教训来指导和对待今天的革命事业。他是一位真正博览群书的人。

名人箴言

贵有恒何必三更眠五更起，最无益只怕一日曝十日寒。

——毛泽东

苦练书法的王羲之

王羲之自幼酷爱书法，几十年来锲而不舍地刻苦练习，终于使他的书法艺术达到了超逸绝伦的高峰，被人们誉为书圣。

王羲之13岁那年，偶然发现父亲藏有一本《说笔》的书法书，便偷来阅读。父亲担心他年幼不能保密家传，答应待他长大之后再传授。没料到，王羲之竟跪下请求父亲允许他现在阅读，他父亲很受感动，终于答应了他的要求。

王羲之练习书法很刻苦，甚至连吃饭、走路的时间都不放过，真是到了无时无刻不在练习的地步。没有纸笔，他就在身上划写，久而久之，衣服都被划破了。有时练习书法达到忘情的程度。一次，他练字竟忘了吃饭，家人把饭送到书房，他竟不假思索地用馍馍蘸着墨吃起来，还觉得很有味。当家人发现时，他已是满嘴墨黑了。

王羲之常临池书写，就池洗砚，时间长了，池水尽墨，人称墨池。现在绍兴兰亭、浙江永嘉西谷山、庐山归宗寺等地都有被称为墨池的名胜。

王羲之的书法艺术和刻苦精神很受世人赞许。传说，王羲之的婚事就是由此而定的。王羲之的叔父王导是东晋的宰相，与当朝太傅郗鉴是好朋友，郗鉴有一位如花似玉、才貌出众的女儿。

一日，郗鉴对王导说，他想在他的儿子和侄儿中为女儿选一位满意的女婿。王导当即表示同意，并同意由他挑选。

王导回到家中将此事告诉了诸位儿侄，儿侄们久闻郗家小姐德贤貌美，都想得到她。郗家来人选婿时，诸侄儿都忙着更冠易服精心打扮。唯王羲之不问此事，仍躺在东厢房床上专心琢磨书法艺术。

稀家来人看过王导诸儿侄之后，回去向郗鉴回禀说：王家诸儿郎都不错，只是知道是选婿有些拘谨不自然。只有东厢房那位公子躺在床上毫不介意，只顾用手在席上比划什么。郗鉴听后，高兴地说："东床那位公子，必定是在书法上学有成就的王羲之。此子内含不露，潜心学业，正是我意中的女婿。"于是，把女儿嫁给了王羲之。王导的其他儿侄十分羡慕，称他为"东床快婿"，从此东床也就成了女婿的美称了。

■名人箴言

艺术家的一切自由和轻快的东西，都是用极大的压迫而得到的，也就是伟大的努力的结果。　　　　——果戈理

◆ 孔子学琴

一天，夕阳已经西下，天色渐渐暗了下来。孔子还依然毕恭毕敬地盘坐着，一遍又一遍地弹奏着同一首曲子，兴致勃勃，丝毫没有厌倦的样子。他的老师师襄子对他说："这首曲子，你已经练了足足10天了，可以再学一首新的曲子了！"

孔子站起身来，认真地说："我虽然练了这么长的时间，可只学会了曲谱，还没有真正弄懂其中的技巧啊！"

好多天以后，师襄子看到孔子的指法更加熟练了，乐曲也弹奏得更加和谐悦耳了，便说："你已经掌握了弹奏的技巧，可以再学一首新的曲子了！"可孔子又说："我虽然掌握了这首曲子的弹奏技巧，可还没有真正领会这首曲子的思想感情呢！"

又过了许多日子，师襄子来到孔子家里听他弹琴。一曲终了，师襄子已经完全被孔子那洋溢着激情的弹奏所吸引，听得出神入味。曲毕，才深深吸了一口气说："你已经弹奏出了曲子的思想感情，可以再学一首新的曲子了。"可是，孔子还是像第一次那样认真地回答说："我虽然弹得像点样子了，可我还没有体会出作曲者是一位怎样的人啊！"说完，孔子还像开始学习时那样，一点儿也没有厌倦，又毕恭毕敬地盘坐下来，一个音符一个音符地弹奏起来。不知又过了多少日子，孔子又邀请师襄子来验听曲子。孔子弹完后，师襄子对他说："功到自然成，这次你应该知道作曲者是谁了吧！"

孔子眼睛一亮，兴奋地说："我已经知道作曲者了。此人魁梧的身躯，黝黑的脸庞，两眼仰望天空，一心要感化四方。此曲非文王莫属，不知对否，还请老师指教。"

师襄子脸上浮起了微笑，激动地说："你说得很对，我的老师讲过，这首曲子的名字就叫'文王操'。你勤学苦练才能达到如此境界啊！"

■ 名人箴言

　　艺术的大道上荆棘丛生，这也是好事，常人望而却步，只有意志坚强的人例外。　　　　　　　　　　——雨果

◆ 做时间的主人

卡尔·华尔德是爱尔斯金的钢琴教师。有一天上课的时候，他忽然问爱尔斯金："你每天练琴要花多少时间？"爱尔斯金说："大约三四个小时。"

"你每次练习，时间都很长吗？是不是有个把钟头？"

"我想这样才好。"

"不，不要这样！"他说，"你长大之后，不会每天有长时间的空闲的。你要养成习惯，一有空就弹几分钟。比如在你上学以前，或在午饭以后，或在工作疲劳的短暂休息时间，五分钟、十分钟地练习。把你的练习时间分散在一天里面，这样，弹钢琴就成了你日常生活的一部分了。"

当爱尔斯金在大学教书的时候，也搞一些创作。可是上课、看试卷、开会等事情把他的时间全占满了。差不多有两年多没有写什么东西。爱尔斯金的理由是没有时间。后来，他想起了卡尔·华尔德先生对他讲的话。

第二个星期，爱尔斯金就照着他的话实验起来。只要有三五分钟的空闲时间，他就坐下来写上几行。

出乎意料，那个星期终了，他竟写出了许多页稿子。

后来爱尔斯金用同样的积少成多的方法，创作长篇小说。他的教授工作虽然一天比一天繁重，但是每天仍有一些可以利用的短暂的时间。

名人箴言

　　时间是由分秒积成的，善于利用零星时间的人，才会做出更好的成绩来。

　　　　　　　　　　　　　　　　　　——华罗庚

学无止境

这是美国东部一所大学期终考试的最后一天。在教学楼的台阶上，一群工程学高年级的学生挤做一团，正在讨论几分钟后就要开始的考试，他们的脸上充满了自信。这是他们参加毕业典礼和工作之前的最后一次测验了。

一些人在谈论他们现在已经找到的工作；另一些人则谈论他们将会得到的工作。带着经过4年的大学学习所获得的自信，他们感觉自己已经准备好了，并且能够征服整个世界。

他们知道，这场即将到来的测验将会很快结束，因为教授说过，他们可以带他们想带的任何书或笔记。要求只有一个，就是他们不能在测验的时候交头接耳。

他们兴高采烈地冲进教室。教授把试卷分发下去。当学生们注意到只有5道评论类型的问题时，脸上的笑容更加扩大了。

3个小时过去了，教授开始收试卷。学生们看起来不再自信了，他们的脸上是一种恐惧的表情。没有一个人说话，教授手里拿着试卷，面对着整个班级。

他俯视着眼前那一张张焦急的面孔，然后问道："完成5道题目的有多少人？"

没有一只手举起来。

"完成4道题的有多少？"

仍然没有人举手。

"3道题？2道题？"

学生们开始有些不安，在座位上扭来扭去。

"那一道题呢？当然有人完成一道题的。"

但是整个教室仍然很沉默。教授放下试卷，"这正是我期望得到的结果。"他说。

"我只想要给你们留下一个深刻的印象，即使你们已经完成了4年的工程学习，关于这个科目仍然有很多的东西你们还不知道。这些你们不能回答的问题是与每天的普通生活实践相联系的。"然后他微笑着补充道,"你们都会通过这个课程,但是记住——即使你们现在已是大学毕业生了,你们的教育仍然还只是刚刚开始。"

随着时间的流逝,教授的名字已经被遗忘了,但是他教的这堂课却没有被遗忘。

名人箴言

古来一切有成就的人,都很严肃地对待自己的生命,当他活着一天,总要尽量多劳动,多工作,多学习,不肯虚度年华,不让时间白白地浪费掉。
——邓拓

❖ 伊林少年时代的故事

他放学回家,吃完饭,赶紧做功课,做完功课,好有时间跟我一起散一会儿步,玩一会儿。等我们玩够了,他就坐下读书。

晚上,桌上铺着褪成了棕黄色的长毛绒台布。上面挂着一盏很大的煤油灯,暗淡而恬静的灯光,透过白色毛玻璃罩洒在桌子上。

他坐在桌前读一本很厚的书。他用手指头堵上两只耳朵,完全听不见屋里的动静。书旁边放着一大块撒了密密的一层盐的黑面包。这是他最大的乐趣——一边看书一边吃面包。他往往丝毫不注意周围的情况,一个人大声笑起来。有时我要求他:"书里有什么?你给我讲讲吧!"可是他根本听不见别人问他什么。

不过,大多数情况下,他总是等我睡觉以后,才埋头看书。因为我是那样急不可待地等他放学回家!他做功课的时候,我也在等他——什么时候才能做完功课呢……

他学习的时候神情很紧张，甚至显得有些神经质。他那被墨水弄脏了的手指头飞快地翻着习题集的一页页，想快一点找到答案……

"果然如此，"他说，"对了！"

"做完了吗？"我高兴地说。

"还没有，"他不知怎么，抱歉地回答，"今天我的功课很多。"

"很多？……"

我感到很不高兴，脸上马上就表露出来了。

"唉，不要紧！"他用鼓励的口吻说，"我们什么都来得及做的。"

真的，我真不记得有哪次他没来得及跟我玩一会儿，散一会儿步，或者读点什么给我听。而且他每次都是那样做——仿佛尽力想显得不是为了我一个人，而是他自己也想快一点把书和练习本塞进书包，拿掉桌上的长毛绒台布，想点有意思的事情做。这回他找来了一个空鞋盒子，给我的"小人儿们"做了房子。他高高兴兴地、动作灵巧地使唤着铅笔、直尺和剪刀。我站在他身旁，仔细瞧着，硬纸盒子怎样在他的能干的手指头摆弄下，出现了能打开的小窗户和能开能关的门，还有真正的台阶。

过了不大一会儿工夫，鞋盒的盖儿就成了房顶，盒子里面忽然拦起了一道隔板，把一间"屋子"分作两个舒适的小房间。接着，他用几只火柴盒粘了个带抽屉的书桌。我简直高兴到难以用笔墨形容的程度。这时，传来了一阵熟悉的钟声，很像钟楼里发出的声音。那是我们家跟柜子一样大的古老座钟，父亲老早不知从哪儿弄来的。座钟冷漠地敲了9下。每次那只钟一敲响，我们就觉得它是在执行父亲的坚决要求——提醒我们，该睡觉了。有时候，我能够拖延几分钟。即使拖延不成时，我也总是满心欢喜地离去。因为明天又将有一个新的有趣游戏在等待着我——明天我们玩小人儿，小人儿将搬进奇妙的小房子里去住。我把围裙的下摆撩起来，接在桌子边，他把桌子上的全部碎纸屑都拂落到我的围裙里。我们知道，妈妈不能忍受屋里乱七八糟，因此我们尽力快一些收拾干净。我把碎纸屑送到厨房里去，他铺上台布，又开始干他自己的事情。父母许可他比我睡得晚一些。

我躺在床上时，即使看不见旁边屋子里他在干什么，也知道——更确切地说，能够感觉到这会儿他正迫不及待地把一本新书拿在手里，也可能是拿起一本心爱的旧书，他的思想已经驰往某处无人知晓的地方，或者飞到了辽阔的大海洋上。明天吃午饭的时候，他会把这些事情讲给我们大家听，或者散步的时候讲给我一个人听。

名人箴言

必须记住我们学习的时间是有限的。时间有限，不只是由于人生短促，更由于人事纷繁。我们应该力求把我们所有的时间用去做最有益的事情。

——斯宾塞

金牌主持人

莎莉是位年轻的姑娘，她最大的梦想就是做一名主持人。在许多年中，她一直为实现这个梦想奋斗着。

早时，她去美国大陆无线电台面试，谁知电台负责人却以她"是位女性，不能吸引听众"为由，拒绝了她。

之后，她单枪匹马闯到了波多黎各，希望这个地方能给自己带来好运气，但是她所工作的通讯社却因为她不懂西班牙语而一直不肯重用她。为了熟练语言，莎莉花了整整3年的时间，不想当她已经能对西班牙语驾轻就熟时，通讯社还是不重视她。据她回忆，在波多黎各的那段日子里，她只接过一次重要的采访任务——到多米尼加共和国去采访暴乱，但前提是：一切费用包括差旅费在内都由她自己负责。

离开波多黎各后，她不停地工作，却也不停地被人辞退，有些电台甚至指责她："你根本不懂什么叫主持！"或者是："你根本跟不上这个时代。"迫于无奈，莎莉失业了一年多。挨过失业的苦日子之后，莎莉终于迎来了一缕曙光——她向国家广播公司某职员推销的一个清谈节目策划被首肯了！但非常遗憾的是，当她前去面试时，那个人已经离开了这家公司。无奈之下，她转而向另外一位职员推销自己的策划，谁知对方对此根本不感兴趣。

于是，她又去找第三位职员。此人虽然同意雇用她，却不准她搞清谈节目，而是让她搞一个政治节目。

因为对政治一窍不通，却又想保住这份来之不易的工作，莎莉开始"恶补"政治知识，并准备放手一搏。到了1982年的夏天，由她主持的政治节目正式开播了，播出形式是让听众打进直拨电话讨论国家的政治活动，比如总统大选等等，这在美国电台史上可是没有先例的。

因为莎莉主持技巧娴熟，主持风格又平易近人，她的名字几乎在一夜之间传遍了整个美国。很快，她主持的节目便成了全美最受欢迎的政治节目。

20多年后的今天，这位名叫莎莉·拉斐尔的女士已经是美国一家自办电视台的节目主持人了，并曾经两度获得全美主持人大奖。

现在，在美国的传媒界，"莎莉"这个名字意味着一座金矿，她无论到哪家电视台、电台，都会为对方带来巨额的收益，因为每天至少有 800 万观众在收看或收听她主持的节目。

名人箴言

没有顽强的细心的劳动，即使有才华的人也会变成绣花枕头似的无用的玩物。　　　　　　　　——史坦尼斯拉夫斯

❖ 五十八岁的状元

明朝年间，安徽省歙县有个人叫唐皋。他少年的时候，就奋发向上，努力读书。不幸的是，他的运气似乎差了点，每次考取功名都是以落榜而告终。一直考到胡子一大把了，却连一个举人也没考中。

对此，他不以为然，尽管目前连个举人都考不中，却坚信自己是个做状元的料子。由于唐皋在县学"每以魁元自比"而又屡试不中，时间一长，周围的人们都以为他不过是一个志大才疏的吹牛大王。

于是，有人就此作了一首诗讽刺他说："徽州有个唐皋哥，一气秋闱走十科。经魁解元荷包里，怎耐京城蓟络多！"蓟络，即扒窃。这句话的意思为，"经魁解元"原本是自己的东西，可惜被别人偷去了。唐皋听了之后，不但毫不灰心，反而更加自信地发奋读书。为了勉励自己成功，他在家里的墙上写下了一段有趣的座右铭：

昨夜倚枕细思量，我要生前做一场。

名不显扬心不死，再次挑灯看文章。

夜深人静，每当困到眼前朦胧时，他就会抬起头来看几遍。这样一看，嘿，眼睛就亮了，精神也来了。

他考了一年又一年，终于有一年中了举人。虽然胡子已经白了，但唐皋仍然执著地发奋努力。乡里人都讥笑他说："唐哥，你好固执。考了这几十年，你难道还考得不够厌烦吗？"更有人干脆写了打油诗"愈读愈不中，薄命只薄命"给唐皋送去。

唐皋看了之后，也不生气，只是笑了笑。回到书房后，他就提笔写了"愈不中愈读，命运奈我何"对自己进行自勉。他依然不受外界干扰专心读他的书，读书的劲头仍不减当年。

妻子看到后，心疼地说："官人，你我既然没有做官的福分，就赶快收了这份心吧，别累坏了身体！"唐皋笑着说："没有福分，可以努力嘛。"说着，他又埋头苦读了。

功夫不负有心人。明正德年间，年已花甲的唐皋连中会元和状元。据说，在廷试以后，曾有人问他能否高中。唐皋笑了笑，又很自信地说："我昨夜梦见金钟黄盖，今天应该中状元才对。"结果果然有金钟黄盖的仪式欢送唐皋回府。唐皋的自信可见一斑。有志者事竟成，当时人们都以他的成功故事教育他人，以鞭策自己。从此，唐皋就到朝廷做官。第二年，他奉正德皇帝的旨意，出使朝鲜。朝鲜国王见他胡子花白，貌不出众，有点看不起他。礼仪过后，他便略带挑衅地说："唐大人奉诏出使敝国，小王不胜荣幸。现在小王有一上联，一时想不出下联，请您代为应对。"

话音一落，聪明的唐皋已听出朝鲜国王的用意，一边微微笑了笑，一边胸有成竹地说："既然国王信得过我，那我就领教了。"

于是，朝鲜国王就出了上联：琴瑟琵琶八大王，一般头面。唐皋当场立即对出了下联：魑魅魍魉四小鬼，各有肚肠。唐皋巧对朝鲜国王的上联，使朝鲜国王惊叹不已。

名人箴言

少而好学，如日出之阳；壮而好学，如日中之光；老而好学，如秉烛之明。

——刘向

勤奋读书的成仿吾

成仿吾是我国著名作家。他4岁开始读书，记忆力很好，他的祖父很喜欢他。其实，祖父更喜爱成仿吾那自觉的学习态度。每天，他黎明前就自行起床，在高脚油灯下朗读古文，早饭后又写字、作文。这些好习惯，直到晚年，他还坚持不懈。8岁时，他每天步行20多里，到一个设在祠堂里的私塾去读书，成绩优异，10多天就练写一篇文章。10岁时，他到离家80多里路的西门书屋上学。西门书屋全校有七八十个学生，年龄最大的20多岁，成仿吾最小，学习成绩却在众人之上，是西门书屋就读学生中的佼佼者。12岁时，为了获得更多的知识，成仿吾执意一人到县城去读官办小学，后来因病才辍学。

13岁时，成仿吾的母亲戴氏病逝。大哥成劭吾回国奔丧。料理完丧事后，就带着成仿吾前往日本读书了。哥哥一人的公费，供兄弟两人留学之用，生活自然十分艰苦。但仿吾的学习却更勤奋了。他学外语总学在别人前头，一天能背熟100多个外语单词。成仿吾先在名古屋第五中学上学，不到一年，就完全掌握了日语，说、读、写，样样都很自如。同学们学日语时，他已经开始学英语了。同学们学英语时，他又学德语了。经过一生的艰苦努力，最终，成仿吾精通了日、英、德、法、俄5种语言。后来，郭沫若在《创造十年》里就非常赞赏地说："他很有语学上的天才，他对于外国语的记忆力实在有点惊人。"在古诗词方面，郭沫若又说，"成仿吾到日本时年纪很小，但他对于中国的旧文献也很有些涉猎。我们在冈山同住的时候，时常听见他暗诵出不少诗词。这也是使我出乎意外的事。"成仿吾的这些成绩都与他从小勤奋学习分不开。

■ 名人箴言

业精于勤而荒于嬉，行成于思而毁于随。　　——韩愈

◆ 勤读"一锥书"

康有为从小爱学习读书。一次，他在香港参观访问中，意外地遇到了一位同乡人陈焕鸣。陈焕鸣精通英文，才华出众，曾任中国驻日本公使馆的英文翻译，后弃官隐居于香港。他搜罗日本群书，藏于住所。在陈焕鸣家里，康有为看到了这些丰富的藏书，更加激发了他读书的兴趣。

从香港回来后，康有为便在家里埋头研究经籍和公羊学，一度撰著《何氏纠谬》，批评今古经学家何劭公，认为批判不当，就将原稿烧了。这是康有为对今古经学学术态度转变的起点。继而他又开始精研唐宋史及宋儒之书，博求旁征，每日读书以寸计。康有为读书的刻苦精神是十分动人的，他每天早上抱一批书，往桌子上一放，右手拿着一把锋利的铁锥子，猛力向下一扎，锥穿两本书，就决定当天读两本书，锥穿三本，当天就读三本书，每天不读完这"一锥书"，决不休息。他目光炯炯，读书就像吃书一样，时间久了，眼皮也闭不起来，臀部也坐起了核刺，连续割治两次不愈，多年流水淋漓，给他带来很大的痛苦。

1882年5月，他去北京参加顺天乡试，秋天南归途中，特意游

览扬州、镇江、南京，泛舟金焦二山，登北固楼，游明故宫，目睹往日繁华的扬州名园都变成了瓦砾场，只有几株环城的垂杨在秋风中摇曳。他站在明孝陵前倒地的石螭头上，抚摸着墓道旁的石人，俯视大江南北，见黎民百姓在饥寒交迫中受煎熬，感叹万分，心中深深为国家和民族的命运担忧。

路过上海时，他特意到租界的"十里洋场"兜了一圈，发现在堂堂华夏大地上竟然出现了"国中之国"的怪现象，康有为痛感国家主权的沦丧和中国人的奇耻大辱。同时也看到了它的繁华，觉得西人的治术有不少值得借鉴的地方。在强烈的时代感和民族的责任心的推动下，这个年仅25岁的青年人，开始跳出八股制艺的拘禁，向西方世界投去了更多探索的目光。

康有为开始大批购买外国书，学习借鉴国外的先进经验，并大讲西学，振奋精神，开始向西方寻找救国救民的真理。

康有为不仅仔细地研读西书报纸，以及中国人写的外国游记，从中了解西方国家的政治制度、历史地理和人情风俗，还攻读了不少声、光、化、电等自然科学书籍，尤其是天文学、物理学和古地质学。这些书对他产生了很大的影响，使他最终成为一位著名的学者。

名人箴言

人生之天职，即为奋斗；无奋斗力者，百无成就。

——茅盾

铁杵磨成针

李白小时候，读书不太用功，有一次上学，见老师不在，就偷偷地溜回家。

在回家的路上，他看见一位白发苍苍的老妈妈，手里拿着一根铁杵，正在一块大石头上来回地磨。李白觉得很奇怪，连忙上前去问道："老妈妈，您磨这个干什么？"

老妈妈回答说："我想要把它磨成针啊！"

李白又问："这样一根铁杵，得多少时间才能磨成针呢？"

老妈妈说："铁杵磨锈针，功到自然成。"

李白听了恍然大悟。第二天，他又到塾里读书去了。从那以后，他再也不旷课，不论老师留下多少功课，他总是认真地按时完成。

唐朝开元十一年，年轻的李白在蜀中已经相当有名了。他渊博的学识，使许多人尊敬他。但他并没有满足，经常外出寻师访友，游览名山胜地，观察大自然的美丽景色，开阔眼界，丰富知识，提高艺术素养。这年刚立春不久，李白便带着书童，身佩宝剑，从绵州来到万县。一住下，李白就向人们打听这里谁的学问高，谁藏的书多等情况，并不辞路远，常常去拜访一些饱学之士。李白怀着谦虚求知的态度，从一些有学问的人那里学到了不少东西，同时也得到了不少罕见的书籍，于是就拿回客栈如饥似渴地学习。尽管这样，他还是不满足，认为住在客栈里，往来客人较多，影响他的学习，很想找一个安静的环境用心读书。

一天，李白散步来到一座山下，看见山的四周都是陡壁，只有一条能过一个人的石梯，斜着向山顶伸去。李白看了一会儿，就试着用手扶着石壁，慢慢地向上爬去。只听见书童在下面让他快下来，李白往下一望，只觉心头发慌，两脚无力。

李白回到客栈，一夜不能入睡，隔壁间又不时传出一两声吵骂。李白想，这里如此不安静，怎能学习呢？山上的路既然很难走，必定没有多少人上去。如果能在上面找一个适当的地方学习，那真是太好了！第二天一早，李白又来到山下，当他上到山顶时，看到一块平台，他端详了一会，感到非常满意。李白就请人在这山腰上搭起草庐，然后把所有书籍、行李都搬到这里，专心致志，认真攻读。

后来，李白成了唐代著名的诗人。当地的人们为了纪念李白这位伟大的诗人和他那种刻苦学习的精神，就把这座山改名为"太白崖"，并在山下建立了一所书院，取名"白崖书院"，老师们经常用李白刻苦勤学的精神，鼓励学生努力学习。

名人箴言

书山有路勤为径，学海无涯苦作舟。　　——韩愈

❖ 学徒工成了大科学家

1812年10月，大名鼎鼎的英国化学权威戴维教授，准备在伦敦大不列颠皇家学院开讲座。正在学装订的徒工法拉第知道后，弄到了一张听课证。在课堂上他细心听讲，认真做笔记。回到店里又把笔记一笔一画地抄写清楚，还不厌其烦地做化学试验。

法拉第这样做，引起了店主的不满，说他整天不务正业，胡思乱想，并下令不许他再在店里看科学书籍，否则就得开除他。这突

然的打击，曾一度使法拉第非常苦恼，后来他索性给戴维写了一封信，说明自己对化学发生了浓厚的兴趣，并希望在他身边做一点事情。几个月后，他出乎意外地得到戴维的答复，同意他到皇家学院当一名实验室的助手。

翌年十月，戴维教授要带着刚结婚的夫人离开英国，去欧洲大陆旅行，并让法拉第随行。戴维夫人是个傲慢的女人，她待人苛刻，旅行的路上，把法拉第当仆从使唤，有时还不给他饭吃，气得法拉第好几次想中途离去。可是，为了事业他只好忍气吞声。就这样，他虽然在旅途中受了戴维夫人的凌辱，却大大地打开了眼界，认识了当时欧洲大陆上的不少科学家，学到了在试验室里学不到的许多知识。

回到伦敦，他依然勤勤恳恳地帮助戴维做化学实验，久而久之，法拉第从戴维教授那里学到了一手精湛的实验技术。后来在物理学、化学方面做出了许多重大贡献，成为英国著名的物理学家和化学家。

名人箴言

对搞科学的人来说，勤奋就是成功之母！ ——茅以升

朱 洗

朱洗原名朱玉文，1900年出生于浙江省临海县店前村。

朱洗从小勤奋好学，乐于助人，很受老师和同学们的喜爱。他热心参加公益劳动，却从没影响过学习，每次考试都是第一，后来他又以优异的成绩考入了临海的省立第六中学。可是就是这么一个

优秀的学生,却被学校开除了,只因他参加了1919年的"五四"运动,并是学生带头人。

朱洗愤怒了,他感到自己的国家太黑暗太落后,他发誓要努力奋斗,以自己的力量寻求一条救国之路。1920年,刚刚20岁的朱洗出发了,他要赴法国勤工俭学。

在外国的生活是艰苦的,就是那时,他把自己的名字改为了朱洗。他说:"我身上既没有藏玉,也没有分文,真是一贫如洗!从今以后,我不叫玉文,我叫朱洗。"

由于没有钱,朱洗没有进成学校,为了不挨饿,他成了一位学徒工,繁重的劳动使朱洗累得腰酸腿疼,骨头都要散架了。每天回到宿舍,他多么需要休息一会儿呀,可是他记得自己为何远涉重洋来到这里,于是强忍着疲惫,坚持天天在油灯下看书到深夜。

辛苦了5年,经历了种种艰辛,朱洗终于凑够了上学的费用,1925年,朱洗成了法国蒙不利埃大学生物系的一名学生,他的导师是著名的生物学家巴德荣教授。朱洗学习依旧努力,成绩也非常出色,巴德荣教授十分喜欢这个学生。当朱洗由于用完积蓄,无法继续上学时,巴德荣便让他留在实验室做了自己的助手,这为朱洗以后的学习创造了良好的条件。

朱洗以其不懈的钻劲,兢兢业业地进行实验和研究,很快便从巴德荣的助手变成了巴德荣不可缺少的合作者。在短短的几年中,朱洗和巴德荣联名发表了14篇论文,朱洗终于完成了7年的学业,获得了博士学位,他在法国学术界也有了一些名气。

1931年,"九·一八"事件爆发了,朱洗身在异国,心如火燎,他迫切盼望回国,他要用自己的双手建设自己的祖国。他购置了一批科研仪器和书籍,于1932年毅然回国。他抓紧一切的时间教学、写作、研究、试验,要把科学的种子播洒在祖国大地上。

朱洗最大的成果是培育出了新一代的青蛙，这些青蛙，只有母亲，没有父亲。接着，他又用世界上第一只无父雌蟾蜍产卵传种，产出了第一批"没有外祖父的癞蛤蟆"。这是许多国家的科学家奋力研究却没有成功的一个创造。

为了让科研直接服务于人民的生产及生活，朱洗致力于把印度的蓖麻蚕引到中国来。这种蚕不必吃桑叶，只吃野生树叶即可，这种蚕繁殖力强，成活率高。只是这种蚕冬天不冬眠，这就需要比一般蚕更多的"口粮"，而问题就在于我国冬天没有蓖麻叶。为了解决这一问题，朱洗绞尽脑子寻找办法，多少个不眠之夜，多少次忘记吃饭，朱洗终于用印度蚕和野生樗蚕培育出了既有冬眠习惯，又吃野生树叶的新蓖麻蚕。这种蚕不与粮棉争地，不与主要劳力争人，投入少，产出多，受到了蚕农的深深喜爱。大家都敬重他且爱戴他，然而就在人们与朱洗教授分享成功的喜悦时，朱教授却累倒了，1962年7月24日，朱教授永远地离开了我们，但人们永远忘不了他为大家做出的贡献。

■ 名人箴言

如果没有勤奋，没有机遇，没有热情的提携者，人就是再有天才，也只能默默无闻。

——小普林尼

◆ 李时珍尝百草著书

在世界医药学史上，中国药学占有相当重要的一席。在中国药学源远流长的历史发展中，李时珍是做出贡献最大的一个。

李时珍本是朝廷太医，他在救死扶伤的过程中，常碰见药铺抓错药的事件发生，他知道这是旧的药书在作怪。旧的"本草"中错记、漏记了许多药草，所以常常误导药铺抓错药，以至耽误了病人治病的时间，重则造成死亡。李时珍觉得这种状况再也不能继续下去了，他向皇帝上书建议组织力量修改"本草"，皇上没有采纳他的建议，群臣也讥讽他放着太医不好好做，瞎想主意窜改祖先的医法。李时珍看到依靠朝廷的力量是不可能了，便决定以自己的力量来修改"本草"。他辞去了朝中的官职，回到家乡，着手新药书的写作。

李时珍家几代为医，受环境熏陶，他从小就阅读了很多医书，积累了大量资料。后来在宫中做太医，更有机会饱览古代医学典籍、秘方以及众多见所未见的珍药名品，阅历甚是丰富。然而，个人的能力毕竟是有限的，为了吸收众家之长，弥补自己的不足，他在大街上贴出告示，说明自己要修改"本草"，希望得到大家的支持。告示一贴出，马上得到了众人的响应，许多人给李时珍送来了药书、药谱，还有人送来了偏方。

有了资料，下一步就是整理这些资料。可是几天过去了，李时珍却没有理出一点头绪，因为这些资料有的自相矛盾，有的难辨真伪，问题实在太多了。比如，虎掌和漏篮子本是两种药，有医书上却称虎掌又名"漏篮子"；南星、虎掌属同物异名，书上又偏偏列为两种；狼毒和勾吻都是剧毒药，书上把他们和补药混为一谈；凡此种种，不一而足。为了能获得第一手资料，辨明真伪，李时珍决定到大自然中去亲身实践。他背起行囊出发了。

李时珍生活的时代不像现在这样交通方便，出门全靠自己的一双脚，是件很受苦的事。李时珍要采的药草又多在艰险的地方，受苦就更大了。为了采得深山老林中的药草，李时珍攀悬崖，登峭壁，身上被枯枝挂得伤痕累累；为了采得溪涧中的药草，李时珍涉深水，渡险滩，常年露宿在外，冒着生命危险。为了准确记录药物的功能，他亲自品尝了许多药草，几次中毒险些丧命。他听人说华佗的"麻沸散"中有一味主药是洋金花，就千方百计采来，亲自煎服了一碗，果然一会儿便失去知觉，晕倒在地。最后他终于寻找到了祖先失传已久的药物。

李时珍不仅勤于实践，还积极向他人学习，药农、民间医生是他的老师，老农、猎人、渔夫也是他学习的对象。

有一次，他路过一个地方，发现许多车夫把一种南方常见的名叫"鼓子"的花草煮了喝。他好生奇怪，就上前询问原因。原来车夫长年奔波在外，经常会扭伤筋骨，"鼓子"煮汤喝能够治疗筋骨伤痛。就这样，李时珍总是不放过任何一次学习的机会，收集到了许多以前没有的医学资料。

李时珍时而奔波在外，时而在家苦心编书，总共花费了27年的时间，足迹遍布河南、河北、江西、安徽、江苏、湖北等地，终于在1578年，他61岁的时候完成了《本草纲目》的编写。

《本草纲目》洋洋洒洒190多万字，52卷，分16部，16类，记载了1892种药物，附药方101096则，图1160幅，是自古以来内容最为丰富的中医药巨典，至今仍为医药界所看重。几百年来，《本草纲目》先后被译为拉丁、英、日、德、法、俄和朝鲜等多种文字，在世界各国出版，成为国际间研究医药科学的重要参考文献，被达尔文称为"中国古代的百科全书"。李时珍以其伟大的成就获得全世界人民的承认与尊重。

■ 名人箴言

　　古之立大事者，不惟有超世之才，亦必有坚忍不拔之志。

——苏轼

◆ 朝着目标不懈努力

一个有钱的富豪十分热衷艺术，喜欢收集各地的奇珍异宝、古物和名家字画。一天，他听说有一个画家的画功非凡，十分出色，因此不远千里，专程前去登门造访，请求画家为他画一条龙，好让他可以悬挂在家里的门廊上。

画家一口答应了，不过却请富豪一年之后再来取画。

光阴似箭，岁月如梭，一年的时间很快就过去了，富豪再次跋山涉水来到画家家里，问他的作品画得如何？

画家不慌不忙地走到画架前，裁度大小适中的纸张，大笔一挥，才一眨眼的工夫，一条腾云驾雾的飞龙便跃然纸上，神气活现，气势万千。

富豪十分满意，笑得合不拢嘴，不过画家所提出的报酬却令富豪一点儿也笑不出来。

富豪十分不悦地说："你只花了几秒钟的时间，就轻而易举地把这幅画完成了，怎么还好意思狮子大开口，提出这样的天价呢？"

画家听了面不改色，只是微微一笑，然后推开另外一间画室的门。

只见那间画室的每个角落都堆满了纸，每一张纸都画满了龙，有龙头、龙尾、龙眼睛，甚至是龙身上的鳞片，每一部分无不细细揣摩，可想见他所花费的心血相当多。

画家说："你现在所看见的那条龙，是我花了整整一年的时间，苦心练习才琢磨出来的，用这样的价钱来换我一整年的时间和精力，应该不算太过分吧!"

"台上一分钟,台下十年功",一般人只看得到别人表面的风光,却忽略了他们背后的辛苦。殊不知,成功不会从天而降,一点一滴,都必须从零积累而来。

■名人箴言

培育出一种小花要经过几十年的辛勤劳动。

——威·布莱克

神农尝百草

上古时候,药物和百花开在一起,哪些花草可以治病,哪些花草有毒,谁也分不清。黎民百姓要是得了病也没有什么药可以治病,只能等死。

看到这样的状况,人们的领袖神农非常着急。他想,花草中间有许多可以治病的,我一定要把所有可以治病的草药找出来,这样,人们就不怕生病了。

于是,神农率领一些臣民,辞别了大家,准备到山上去尝尝所有的花草,找出可以治病的草药来。一天,他们来到了一座大山上。这座山非常险,高耸入云,四面是刀切一样的悬崖,崖上挂着瀑布,长着青苔,溜光水滑,看来没有登天的梯子是上不去的。除了神农,所有的人都被吓住了。

"我们还是回去吧!这样的山根本上不去啊。"臣民们劝说神农。

神农摇摇头:"不能回!百姓们还等着我们的草药救命呢。"

神农带着臣民,学着猴子攀登木架,终于上到了山顶。一到山顶，神农高兴极了。山上真是花草的世界，红的、绿的、白的、黄的，各色各样，这里面肯定有很多可以治病救人的草药。于是，他叫臣民们防着狼虫虎豹，他自己则亲自采摘花草，放到嘴里尝。白天，他在山上尝百草，晚上，他不辞辛苦地把白天的结果详细记载下来：哪些草是苦的，哪些是热的，哪些是凉的，能医什么病，都写得清清楚楚。就这样日复一日，神农掌握的能治病的草药越来越多。自己有时得了病也知道怎么治了。

有一次，他把一棵草放到嘴里一尝，顿时感到天旋地转，一头栽倒。他明白自己中了毒，可是已经没有力气说话了。他使出最后一点力气，指着面前一棵红亮亮的灵芝草，又指指自己的嘴巴。臣民们慌忙把那红灵芝放到嘴里嚼嚼，再喂到他嘴里。神农吃了灵芝草，才解了毒气恢复了健康。

像这样危险的事不止一次。每次臣民们都觉得太危险了，劝他回去。可是，每次他都摇摇头说："不能回！黎民百姓病了无医无药，我们怎么能回去呢！"

传说他尝出了365种草药，写成《神农本草》，一直造福天下。

■ 名人箴言

　　辛勤的蜜蜂永没有时间的悲哀。　　　　　——布莱克

❖ 独自飞上蓝天的残疾人

　　从事飞行25年的潘·帕特森从未碰到过这种奇事，他面前这个坐在轮椅里的年轻人麦克·亨德森——一个四肢瘫痪的人居然想学飞行。

帕特森瞟了一眼亨德森的四肢，他的大腿软弱无力，根本无法使用尾舵踏板，他又怎么能驾驭一吨多重的飞机呢？最让这位飞行教员伤脑筋的是亨德森的手，他的五指虽在，但简直不能动。帕特森认为这是不可能飞行的。然而是什么促使他没有照直说呢？也许是眼前这个年轻人显而易见的决心以及他那迫切的神情。无论如何，有某种东西在这位直率健壮的飞行教员内心引起了共鸣。他说："也许我可以教你，但按照联邦飞行条例，你必须具备自己上下飞机的能力。"说罢，朝不远一架单引擎教练机努努嘴："我去准备一杯咖啡，如果我回来的时候你登上了飞机，那我们就算说定了。"

麦克将轮椅靠近机身，一只手搭在机翼的后缘，另一只手支撑在轮椅上，尽可能将自己撑了上去。然后转身面对着机身，用右肘机敏地挪动着，一点一点地向驾驶舱移动。

他用了45分钟，当帕特森走过去的时候，他正坐在驾驶员的位置上，血从磨破的肘部流出，弄得舱内到处是血污。看到他经受了如此的痛苦，帕特森知道没有什么能阻止他的决心。

但当帕特森送麦克去联邦航空局做体格检查时，担任检查的斯托达德医生感到为难地说："我的天，他身体能动的部位还不到10%！"

帕特森坚持己见，并说，如果他为自己这个学生的飞行技能担保，那么医生是否愿意与麦克一同飞行，以亲眼鉴定？医生同意了。

现在的一切都取决于教员和学生了。他们一起着手解决新出现的每一个问题。利用毯子的摩擦可以使麦克登上光滑的机翼。戴在头上的一套通讯设备可以使他不必用手拿着无线电话筒。他们还把舵柄改成垂直移动，这样可以使麦克不用脚而用右臂来操纵不易控制的尾舵。让帕特森高兴的是麦克的手指显得越来越灵活，但他担心他的气力不够，这样在大风时起飞和着陆，就无法将驾驶杆拉回来。麦克倒想了个主意，为什么不做一个金属钩套在他的手腕上？这样放、拉不就都自如了吗？麦克自己在家做的头一个样品，生铁把手腕都磨破了。后来他又用医院的轻铝板与一只手套固定在一起，使用起来很是方便。

进行长时间的艰苦训练和测试之后，放单飞的时刻终于来到了，麦克用右手推上油门，松了手闸，调整一下方向便滑出跑道。几分钟之后他便飞上蓝天。

在天空中，麦克感到一阵未曾有过的激动，他浮想联翩：这是我有生以来做过的最伟大的事情。

以后的几个月里，麦克在斯托达德医生的帮助下，成为第一个通过仪表鉴定获得民航机驾驶员执照的四肢麻痹患者。斯托达德医生说："是麦克的意志使他出类拔萃，他的成功确实一鸣惊人，令人难以置信。"

名人箴言

　　骐骥一跃，不能十步；驽马十驾，功在不舍；锲而舍之，朽木不折；锲而不舍，金石可镂。　　——荀子

◆ 跛腿的舞蹈演员

这是美国北纽约州小镇上一个女人的故事。她从小就梦想成为最著名的演员。18岁时，她在一家舞蹈学校学习了3个月后，母亲收到了学校的来信："众所周知，我校曾经培养出许多在美国甚至在全世界著名的演员，但是我们从没见过哪个学生的天赋和才能比你的女儿还差，她不再是我校的学生了。"

被退学后的两年，她靠干零活谋生。工作之余她申请参加排练，排练没有报酬，只有节目公演了才能得到报酬。但她仍然挤出一切尽可能的时间参加排练。

两年以后，她得了肺炎。住院3周以后，医生告诉她，她以后可能再也不能行走了，她的双腿已经开始萎缩。已是青年的她只能带着演员梦和病残的腿回家休养。

她坚信自己有一天能够重新上路，经过两年的痛苦磨炼，无数次的摔倒，她终于能够走路了。又过了18年——整整18年，她还是没有实现她的梦想。

在她已经40岁的时候，她终于获得了一次扮演一个电视角色的机会，这个角色对她非常合适，她成功了。在艾森豪威尔就任美国总统的就职典礼上，人们从电视上看到了她的表演，英国女王伊丽莎白二世加冕时，人们欣赏了她的表演……到了1953年，看到她表演的人超过40余万。

这就是著名舞蹈家露茜丽·鲍尔的电视专辑。观众看到的不是她早年因病致残的跛腿和一脸的沧桑，而是一位杰出的女演员的天才和能力，看到的是一个不言放弃的人，一位战胜了一切困苦而终于取得成就的大人物。

名人箴言

精神的浩瀚、理想的活跃、心灵的勤奋就是天才。

——狄德罗

❖ 一个创造奇迹的小人物

　　在荷兰，有一位刚刚初中毕业的青年农民，在一个小镇找到了为镇政府看门的工作。从此他就没有离开过这个小镇，也没有再换过工作。

　　他太年轻，工作也太清闲，总得打发时间。他选择了又费时又费工的打磨镜片做自己的业余爱好。就这样，他磨呀磨，一日复一日，一年又一年，一磨就是60年。他是那样的专注和细致，锲而不舍。他的技术早已超过专业技师了，他磨出的复合镜片的放大倍数，比专业技师磨出的都要高。他老老实实地把手头上的每一块玻璃片磨好，可以说用尽了毕生的心血。借助打磨的镜片，他发现了当时科技尚未知晓的另一个广阔的世界——微生物世界。从此，他名声大振。只有初中文化的他，被授予了在他看来是高不可攀的巴黎科学院院士的头衔，就连英国女王也到小镇拜会过他。

　　创造这个奇迹的小人物，就是生物学史上鼎鼎大名、活了90岁的荷兰科学家万·列文虎克。

▎名人箴言

　　向着某一天终于要达到的那个终极目标迈步还不够，还要把每一步骤看成目标，使它作为步骤而起作用。　——歌德

一朵白色的金盏花

多年前，美国一家报纸曾刊登一则令人心跳的启事：一家园艺机构重金悬赏欲求纯白金盏花。其赏金额度之高，让每个人都想跃跃欲试。此事在当地引起轰动。

在自然界，金盏花除了金色，就是棕色，要想培育出白色新品种，那简直就跟上天揽月、下海擒龙一样难。很多人一时冲动试过之后，就把那则启事抛至脑后：算了吧，什么纯白金盏花？

20年后的一天，那个园艺机构意外地收到一件邮品，里面居然是100粒"纯白的金盏花"的种子，另有一封热情的应征信。

这些种子来自何方神圣？

谜底很快就揭开了，寄种子的原来是个年逾七旬的老太太，她是一个真正的花迷。

当年，她看到那则启事后，就怦然心动，马上动手操作，虽然遭到8个子女的一致反对，她还是执著地干下去。

一年之后，等到金盏花盛开，她就从盛开的花朵中筛选出更淡的花去选种栽培。

次年，她又撒下这粒种子，然后，再从盛开的花朵中筛选出更淡的花去选种栽培。

日复一日，年复一年，终于，在20年后的一天，她的努力得到了回报：在花园里，出现了一朵白色的金盏花，那个白呀，如银似雪，美极了。

就这样，一个连专家都感到束手无策的大难题，竟在一位对遗传学一无所知的老太太手中自动破解，这不能不说是一个莫大的奇迹。

◼ 名人箴言

　　天才只是一块质地有差别的田地，学习是肥料和耕耘。

——萧军

❖ 勤奋好学的李大钊

　　李大钊幼年时便父母双亡，一直跟着祖父生活。祖父李如珍从他3岁起便教他认字。大钊5岁时已开始陆续学《三字经》、《百家姓》、《千字文》了。他聪明勤奋，最喜欢念人家门上贴的春联，有时候还站在比自己高得多的大人堆里，看那些贴在墙上的告示之类的东西。有一回，村里出了一张"安民告示。"大人里大多是文盲，他们在告示旁干瞪眼，不知写的是什么。5岁的李大钊当着众人，一字一句地全念了出来。从此，人们对他刮目相看。

　　李大钊7岁时正式入学，是个勤学苦练、惜时如金的孩子。有一天爷爷有事外出，把孙子一人留在书房里读书。当时春光明媚，一群麻雀在房外树枝间嬉戏，吱吱叫个不住，大钊只是聚精会神地读书写字，根本不受外界的一丝干扰，好像外面不曾有什么事情发生似的。

　　快到中午了，爷爷还没回来。大钊做功课也觉得很疲劳，便去姑姑房间里，帮她干一点儿小活计。没过多大工夫，姑姑便要大钊到院子里去玩玩。大钊笑着说："我帮姑姑干活，就是休息脑子的，跟到院子里去玩不一样吗？"爷爷回家后，听姑姑说了这件事，很高兴。他说："大钊这孩子有志气，将来终会出人头地，干一番大事业。"

大钊聪颖早慧，连先生们也对他另眼相看。自从大钊7岁起，相继跟好几位先生读书学习过。由于他学得快，特别善于思索，有的先生过一段时间，便再也教不了他，只好要他祖父另请先生。到大钊13岁时，他还跟黄玉堂老先生读过书。那时候清朝政府腐败无能，招致了列强步步入侵。不久，八国联军打进了北京城，火烧了圆明园。慈禧太后带着皇室成员逃往西安了。而具有强烈爱国之心的义和团和红灯照进行了可歌可泣的顽强抵抗。帝国主义的魔爪也伸到了大钊家乡附近。中国人民遭受侵略者的烧杀掠夺，苦难深重极了。有一回，李大钊听先生讲太平天国的故事。他不等先生讲完，便大声喊："我要学洪秀全，推翻清朝皇帝！"一时间，吓得黄先生忙去捂学生的嘴，生怕张扬出去有杀身之祸。

老先生深知大钊有志于救国，便在暗中鼓励他好好学习。后来大钊以优异的成绩考进了清政府办的北洋法政学校，走出了山乡，去寻找救国之路了。几经探索后，他终于找到马克思列宁主义真理。从此开始了他在中国开创和推动共产主义运动的伟大历史进程。

最终他成为中国共产党最早的创始人之一，成为我国伟大的共产主义革命家、思想家。

名人箴言

凡事都要脚踏实地去作，不弛于空想，不骛于虚声，而惟以求真的态度作踏实的工夫。以此态度求学，则真理可明，以此态度做事，则功业可就。　　——李大钊

◆ 与一般人无异的癫痫病患者

派蒂·威尔森在年幼时就被诊断出患有癫痫。她的父亲吉姆·威尔森习惯每天晨跑。有一天戴着牙套的派蒂兴致勃勃地对父亲说："爸，我想每天跟你一起慢跑，但我担心中途会病情发作。"

她父亲回答说："万一你发作，我也知道如何处理。我们明天就开始跑吧。"

于是，十几岁的派蒂就这样与跑步结下了不解之缘。和父亲一起晨跑是她一天之中最快乐的时光。跑步期间，派蒂的病一次也没发作。

几个礼拜之后，她向父亲表示了自己的心愿："爸，我想打破女子长距离跑步的世界纪录。"她父亲替她查吉尼斯世界纪录，发现女子长距离跑步的最高纪录是80英里。

当时，读高一的派蒂为自己订立了一个长远的目标："今年我要从橘县跑到旧金山（400英里）；高二时，要到达俄勒冈州的波特兰（1500多英里）；高三时的目标在圣路易市（约2000英里）；高四则要向白宫前进（约3000英里）。"

虽然派蒂的身体状况与他人不同，但她仍然满怀热情与理想。对她而言，癫痫只是偶尔给她带来不便的小毛病。她不因此消极畏缩，相反，她更珍惜自己已经拥有的。

高一时，派蒂穿着上面写着"我爱癫痫"的衬衫，一路跑到了旧金山。她父亲陪她跑完了全程，做护士的母亲则开着旅行拖车尾随其后，照料父女两人。

高二时，她身后的支持者换成了班上的同学。他们拿着巨幅的海报为她加油打气，海报上写着："派蒂，跑啊！"这句话后来也成为她自传的书名。但在这段前往波特兰的路上，她扭伤了脚踝。医生劝告她立刻中止跑步："你的脚踝必须上石膏，否则会造成永久的伤害。"

她回答道："医生，你不了解，跑步不是我一时的兴趣，而是我一辈子的挚爱。我跑步不单是为了自己，同时也是要向所有人证明，身有残缺的人照样能跑马拉松。有什么方法能让我跑完这段路？"

医生表示可用粘剂先将受损处接合，而不用上石膏。但他警告说，这样会起水泡，到时会疼痛难耐。

派蒂二话没说便点头答应。

派蒂终于来到波特兰，俄勒冈州州长还陪她跑完最后一英里。一面写着红字的横幅早在终点等着她："超级长跑女将，派蒂·威尔森在17岁生日这天创造了辉煌的纪录。"

高中的最后一年，派蒂花了4个月的时间，由西岸长征到东岸，最后抵达华盛顿，并接受总统召见。她告诉总统："我想让其他人知道，癫痫患者与一般人无异，也能过正常的生活。"

▌名人箴言

　　天才就其本质而论只不过是对事业、对工作过程的热爱而已。

——高尔基

❖ 勤奋的斯蒂芬·金

在美国，有一个人在一年之中的每一天里，都几乎做着同一件事：天刚刚放亮，他就伏在打字机前，开始一天的写作。这个男人名叫斯蒂芬·金，是国际上著名的恐怖小说大师。

斯蒂芬·金的经历十分坎坷，他曾经潦倒得连电话费都交不起，电话公司因此而掐断了他的电话线。后来，他成了世界上著名的恐怖小说大师，整天稿约不断。常常是一部小说还在他的大脑之中酝酿存着，出版社高额的订金就支付给了他。如今，他算是世界级的大富翁了。可是，他的每一天，仍然是在勤奋的创作之中度过的。斯蒂芬·金成功的秘诀很简单，只有两个字：勤奋。一年之中，他只有3天的时间是例外的，不写作。也就是说，他只有3天的休息时间。这3天是：生日、圣诞节、美国独立日。勤奋给他带来的好处是永不枯竭的灵感。学术大家季羡林老先生曾经说过："勤奋出灵感。"缪斯女神对那些勤奋的人总是格外青睐的，她会源源不断给这些人送去灵感。斯蒂芬·金和一般的作家有点不同。一般的作家在没有灵感的时候，就去干别的事情，从不逼自己硬写。但斯蒂芬·金在没有什么可写的情况下，每天也要坚持写5000字。这是他在早期写作时，他的一个老师传授给他的一条经验，他也是坚持这么做的，这使他终生受益。他说，我从来没有过没有灵感的恐慌。

做一个勤奋的人，阳光每一天的第一个吻，肯定是先落在勤奋者的脸颊上的。

■ 名人箴言

含泪播种的人一定能含笑收获。　　　　　　　——佚名

❖ 时间是怎么来的

威尔福莱特·康是世界纺织业的巨子之一，他腰缠万贯、家资无数，真可谓要什么有什么，但他却总感觉生活中缺了点什么东西，于是他想起了自己儿时的梦想。

威尔福莱特小时候曾经梦想着成为一名画家，但因种种原因，他已经数十年都未拿过画笔了。现在去学画画还来得及吗？现在的自己还能有那些空闲时间吗？他犹豫着自问，但想来想去，最后他还是决定每天抽出一个小时来安心画画。

自从下定了这个决心，一向以毅力著称的威尔福莱特再次显露了他的特长——虽然很忙，可他还是每天都抽出一小时来画画并坚持了下来。多年以后，这位半路出家的学画者已经在绘画上得到了不菲的回报：他曾经多次举办个人画展，在油画方面成就更是非常突出。其实他以前从未接触过油画，一切都是从他那个决心开始，然后靠每天一小时的积累完成的。

"每天抽出一个小时来画画"，对于一个大企业的负责人来说，要想真正做到这一点并不容易。你可知道，为了保证这一小时不受干扰，威尔福莱特每天早晨5点钟就得起床，一直画到吃早饭为止。他后来回忆说：现在想想，那也并不算苦，因为自从我决定每天都学一小时画之后，一到清晨那个时候，渴望和追求就会把我唤醒，想睡也睡不着了。

再后来，为了方便画画，他干脆把顶楼改为了画室。

时间是公平的，更是"知恩图报"的，因为数年来威尔福莱特从未放弃过早晨那一小时，所以时间给了他惊人的回报——他的收入又多了一个来源。而他则把这一小时作画所得到的全部收入变成了奖学金，专门奖给那些搞艺术的优秀学生们。

"钱并不算什么，从画画中所获得的启迪和愉悦才是我最大的收获。"威尔福莱特如是说。

■ 名人箴言

　　神圣的工作在每个人的日常事务里，理想的前途在于一点一滴做起。

　　　　　　　　　　　　　　　　　　　　——谢觉哉

◆ 舞蹈皇后苏莎

　　苏莎曾是印度著名的舞蹈家，在其事业的巅峰时期，却不幸遭遇了车祸，她的右腿被迫截肢，对于一个以舞蹈为职业的人来说，失去了一条腿，无疑也就失去了整个事业，但苏莎却并不轻言放弃。

　　在休养的几个月里，苏莎邂逅了一位医生，这位医生用在硫化橡胶中填充海绵的方法改进了假肢技术，医生为苏莎量身定做了一只新型假肢，装上假肢后，苏莎重返舞台的愿望也日益变得强烈和迫切。苏莎知道，首先自己要坚信梦想一定能实现。于是，为重返舞蹈世界，她开始了艰苦的尝试，她学习平衡、弯曲、伸展、行走、转身、旋转，直到开始翩翩起舞。

　　在其后的每一次公开演出中，她都会忐忑不安地问父亲演出效果如何，而每一次，她得到的回答都是："你还有很长一段路要走。"终于，在孟买的一次演出中，苏莎实现了历史性的恢复，她以令人不可思议的舞姿震惊了所有的观众，让每一位在场的观众都感动得热泪盈眶，苏莎也因为这次演出的巨大成功而重新夺回了原本属于她的舞蹈皇后的位置。演出结束后，她再次向父亲征询意见，这次父亲什么也没有说，只是充满慈爱地抚摸着她的假肢，眼里满是爱。

苏莎的奇迹，极大地鼓舞了当地的人们，经常有人问她，在近乎绝望的逆境中，你是如何战胜自己并最终取得成功的。苏莎总是很平淡地说：

"我经常告诫自己，跳舞用的是心而非脚。"

■名人箴言

　　如果缺乏努力和意志，如果不肯牺牲和劳动，你自己就会一事无成。

——赫尔岑

◆ 成功在于坚持

张德培是网球史上最年轻的男单冠军奖杯，当年，这个不满20岁的黄皮肤小伙子在巴黎罗兰嘉洛斯球场捧起法国网球公开赛男单冠军奖杯的时候，整个球场为之沸腾了，他也成为第一个在这里获得冠军的华裔选手。在其后16年的网球生涯里，他一共赢得34个冠军和近2000万美元奖金，并在1996年年终的ATP男单总排名榜上名列第二位。

其实，张德培的身体条件并不适合网球运动。他1.75米的个头，即便放到女选手中也只算是中等，再加上亚洲人先天性的力量不足，使他在高手如林的男子网坛显得十分单薄。

体格的缺陷迫使他必须要用速度和坚韧弥补弱势，这没有捷径，只能依靠超乎常人的刻苦训练。

于是日复一日，年复一年，人们看到这名黄皮肤的小伙子从来不给自己放假。当桑普拉斯躺在希腊海滩上晒太阳，当阿加西赴拉斯维加斯观看拳击比赛时，张德培却在球场上训练。

训练的过程是极其艰辛的，但他坚持了下来！在此后的十余年里，张德培凭借灵活的步法和不懈的跑动，运用娴熟的底线技术与对手周旋，一有机会就击出大角度的回球置对手于死地，在男子网坛杀出了一片属于自己的天地。

网坛传奇人物麦肯罗认为，"张德培把自己网球天赋中的每一滴都挤了出来，从某种意义上说他向同龄人展示了这一代网球选手的巨大上升空间"。

球王桑普拉斯对自己的好朋友做了如下中肯的评价：

"也许他的技术并不出众，也许他的球风并不好看，但在我们每个职业球员看来，迈克尔（张德培的英文名）身上有种闪光的品质，他在球场上跑动救球总给人豁出去的气势，那是别人很难效仿的"。

名人箴言

如果不断地依靠勤奋挖掘你的潜能，你就会拥有令人激动的人生。
——佚名

❖ 威尔逊的成功之路

美国前副总统亨利·威尔逊，自幼家境贫寒。当他还在摇篮里的时候，贫困就悄悄地威胁着他一家人的生存。他幼年时最深刻的记忆是：有一次他向母亲要一片面包，而母亲手中什么也没有，当时她的神情是多么痛苦啊。

穷人的孩子早当家，威尔逊10岁时，就离开家到附近的小镇当了一名学徒工，而且一干就是11年。这11年里，每年他可以接受一个月的学校教育，这是他一辈子成功的开始，至于这11年艰辛工作的报酬，只不过是1头牛和6只绵羊而已。这些东西最后换成了84美元现金。

在他21岁之前，他从来没有在娱乐上花过一分钱，他精心算计着自己的每一分积蓄。对他来说，脱离贫困是当务之急。

刚满21周岁，他就跟着一支伐木队来到人迹罕至的大森林里，将一棵棵大树砍下来，顺着河水运到远方的城镇。每天，当树梢出现第一抹曙光，他便大声招呼伙伴们起来，然后一直辛勤地工作到天黑。经过一个月的努力，他挣了整整6美元，相当于他做学徒工时一年半的收入，在他看来这是多么丰厚的一笔薪水啊！

虽然没有接受过正规的教育，但威尔逊仍然牢牢把握着人生的方向。

他决心不浪费每一分钟时间，也不让任何一个发展自我、提升自我的机会溜走。当别人把业余时间放在酒瓶中喝掉，或者卷在雪茄里燃烧的时候，他则把这些时间用在学习上。在他21岁之前，也就是在他做着学徒工的时候，他仔细阅读了1000本好书——这些书是如此来之不易，他自己没有钱去买书，所以，他不得不通过各种方法借阅。比如说，他会很乐意为别人清理草坪，报酬就是借阅若干本他感兴趣的书。

正是因为有了大量的阅读作为基础，他加入了内蒂克的一个辩论俱乐部，并且很快脱颖而出，成为其中的佼佼者。再接着，在马塞诸塞州议会上，他发表了一篇著名的反对奴隶制度的演说，演说相当精彩，也相当成功，从此以后，他确立了在马塞诸塞州政界的显赫地位，并为他以后进入国会打下了坚实的基础。

名人箴言

任何业绩的质变都来自于量变的积累。　　——佚名

◆ 百万的花园

许多年前,有一个住在城郊的农民,他不喜欢说话,但爱看书,给人的印象总是有点儿木讷忧郁。另外,他还有一个当时在农村算不上什么优点的爱好——种花养草,因而周围的人总有意无意地嘲笑他,说他的命苦,没生在好地方、好人家。但他对这些都是充耳不闻,该怎样还是怎样。

有一天,他走进了正在改造的市区里,随意游转。他发现,在市政府的一侧有一块长满杂草的荒地。他站在那里看了半天,不由自主地说:

"唉,太可惜了,这要是整成花园,该有多好呀!"不想他的话音刚落,就有人在他身后搭话:"你想得不错,能详细说说怎么个干法吗?"

顺着声音的方向转过去,他看到一个中年人正朝着自己笑,还有个年轻人站在他身边。年轻人走上前说:"这是新来的市长。"他朝市长看了看说:"如果你同意,我可以把这块荒地改成花园。"市长说:"市里事情太多了,恐怕一时顾不上投这个资。"他却说:"我不要钱,修成后由我来看管就行。"市长想了一下,有点儿感动地点了点头答道:"我同意。"

第二天,这个农民便开着他的农用三轮车来了,车上装满了各种工具。他首先清走了垃圾,铲除了杂草,接着是平整园地,围扎

栅栏，并让人写了个牌子：百万花园——因为他的小名叫百万。

一个农民自费修花园的消息不胫而走，于是招来了许多市民围观，也招来了电视台和报社的记者。当记者问他为什么要这么做时，他只是埋头干活，对记者的提问一句不答。越是这样，记者们越感兴趣，于是他和他的"百万花园"一天天成了这个城市的焦点。

时间一久，不少人由原来的瞧稀罕、看热闹而开始伸出援助之手，有人送来了树苗，有人送来了花种，附近一所中学的学生们放学后还来参加义务劳动。更有一家花圃，送来了玫瑰、蔷薇的插枝。另有一家木制品公司的老总听到消息后，表示要向"百万花园"免费提供长椅等设施。

几个月后，原来杂草丛生、垃圾遍地的荒地，变成了一座美丽的花园：木栅栏上披满了蔷薇的藤蔓，玫瑰花也开了。绿茵茵的草地，鹅卵石小径连接着一排排白色的木椅。人们走进去，可以自由地散步和休息……农民实现了他的诺言。这一年他已经42岁。

后来，他并没有做"百万花园"的看管人，而是去了另外的一些城市。有的是被请去的，也有的是他自己去的。当然，他不是去做报告，而是去设计花园。因为他通过长期的学习和努力，已成了一个具有种种传奇色彩的园艺设计师。在许多城市的园林设计图上，都留下了他的名字，但令他最挂念、最骄傲和满意的，还是"百万花园"——那是他改变自己生存方式和生存意义的一个开始。

名人箴言

　　合抱之木，生于毫末；九层之台，起于垒土；千里之行，始于足下。

　　　　　　　　　　　　　　　　　　　　　　　——老子

◆ 贫穷也是财富

小西博格自小家境贫寒，到了上学的年龄却迟迟没能走进学堂。直到他年满 10 岁时，父母觉得再也不能耽误孩子的学业了，咬咬牙终于把他送进了小学。这个学校很简陋，教学也很一般，小西博格还没有上满一个学期，就离开了这里。

虽然家里条件不好，但是母亲还是认为自己的孩子应该接受良好的教育，而且要上大学。为此，父母不惜离开已经生活了多年的地方。

西博格一家在洛杉矶附近的小镇盖起了自己的房子。新家极其简陋，房间是用包装纸板隔开的，室内没有厕所及上下水管等设施。

父母在新地方很快就找到了工作，但工资并不高，只能勉强维持一家人的生计。尽管如此，父母还是坚持把小西博格和他的妹妹送进了一所条件好的学校。新家离学校比较远，西博格和妹妹每天都得坐 3 小时的校车才能到达学校。但一想到在学校里能吃到橙子等水果，小西博格觉得幸福无比。这些水果在家里只有圣诞节的时候才能吃。

生活的艰难，让小西博格过早地明白了父母的不易，知道父母为自己付出了很多，为了减轻父母的经济负担，他就利用课余时间到高尔夫球场当了一名小球童，负责给人捡球。球童的收入并不多，但也能贴补一点家用，小西博格觉得自己很了不起。这段当球童的经历，还使西博格日后成为高尔夫球运动的爱好者。

小西博格非常珍惜来之不易的学习机会。他知道自己唯一能报答父母的办法就是勤奋刻苦地学习，只有这样才能不辜负父母的期望。因此，小西博格学习十分勤奋，成绩总是名列前茅。他仅用不到3年的时间就完成了小学的学业，提前毕业。在中学里，业余时间，小西博格还担负一些抄写文稿的工作，挣些钱补贴家里的生活。

贫穷激励他奋发学习，成了他一生的财富。凭着这种勤奋努力，他终于取得了比别人更大的成就。

■名人箴言

你想成为幸福的人吗？但愿你首先学会吃得起苦。

——屠格涅夫

❖ 勤勤恳恳的史蒂芬

史蒂芬是哈佛大学机械制造业的高材生。他毕业后的梦想就是进入20世纪80年代美国最为著名的机械制造公司。然而他和许多人的命运一样，在该公司每年一次的用人测试会上被拒绝申请，其实这时的用人测试会已经徒有虚名了。史蒂芬并没有死心，他发誓一定要进入维斯卡亚重型机械制造公司。于是，他采取了一个特殊的策略——假装自己一无所长。

他先找到公司人事部，提出为该公司无偿提供劳动力，请求公司分派给他任何工作，他都不计任何报酬来完成。公司起初觉得这简直不可思议，但考虑到不用任何花费，也用不着操心，于是便分派他去打扫车间里的废铁屑。

史蒂芬勤勤恳恳地工作了一年。为了糊口，下班后他还要去酒吧打工。这样，虽然得到老板及工人们的好感，却仍然没有一个人提到录用他的问题。

20世纪90年代初，公司的许多订单纷纷被退回，理由均是产品质量问题，为此公司蒙受巨大的损失。公司董事会为了挽救颓势，紧急召开会议商议对策，当会议进行一大半却未见眉目时，史蒂芬闯入会议室，提出要直接见总经理。

在会上，史蒂芬对这一问题出现的原因作了令人信服的解释，并且就工程技术上的问题提出了自己的看法，随后拿出了自己对产品的改良设计图。这个设计非常先进，恰到好处地保留了原来机械的优点，同时克服了已出现的弊病。

总经理及董事会的董事见到这个编外清洁工如此精明在行，便询问他的背景以及现状。史蒂芬当即被聘为公司负责生产技术问题的副总经理。

原来，史蒂芬在做清扫工时，利用清扫工到处走的工作便利，细心察看了整个公司各部门的生产情况，并一一作了详细记录，发现了所存在的技术性问题并想出解决的办法。为此，他花了近一年的时间搞设计，获得了大量的统计数据，为最后一展雄姿奠定了基础。

■ 名人箴言

　　科学的进展是十分缓慢的，需要爬行才能从一点到达另一点。
　　　　　　　　　　　　　　　　　　　　——丁尼生

◆ **永远不晚**

　　暑假到了，某大学打出了一则广告：本处招收补习基础英语的学生。也许是学不好英语的人太多了吧，这个班异常火爆。

在报名现场，一位中年人被人挤来挤去，好不容易才挤到了报名台前。

"年龄？"接待小姐问。

"43。"中年人回答。

"哦，我是问您入班孩子的年龄。"接待小姐说道。

"不是我孩子学，是我学。"中年人答道。

"哦？"接待小姐惊讶地抬起头来，"再过两年您都45岁了，还学这些基础英语干吗？"

"如果我不学，再过两年难道会是41岁吗？"中年人微笑着反问道。

接待小姐无言了。

就这样，这位先生加入了这个补习班。每天晚上和周末，他都会准时来到这里，与那群稚气未脱的孩子们一块儿读单词、背课文。不知道是学上瘾了还是怎么的，这位先生竟然一直学了下去，从初级到最高级。后来，凭着这两年补习班的基础，他竟然考入了某大学的成人班，最后拿到了这所大学英语专业的自考本科证书。

赶巧的是，他的单位当时正好在招一位翻译，因为有扎实的英语基础，又是内部人员，他以绝对的优势争取到了这个职位，从而让薪水轻松地翻了一倍。

名人箴言

人永远是要学习的。死的时候，才是毕业的时候。

——萧楚女

竭尽全力

美国前总统卡特年轻的时候曾是一位海军军官。卡特一直觉得自己的才华没有用武之地，他认为自己是那些军官中最优秀的。

一次，他来到海曼·里科弗将军的办公室，打算向将军请教一些问题。

在卡特请教完问题之后，将军又问了卡特很多关于时事、音乐、文学、海军战术等方面的问题。自以为才高八斗的卡特被将军问得瞠目结舌。自己以为懂得的多，其实却知道得很少，他不由得为自己的无知感到羞愧。

"在海军学院里的毕业成绩怎样呢？"将军问卡特。

在海军学院的成绩一直都是卡特引以为豪的。在近千名学员中，他名列第59。于是他骄傲地向将军汇报了自己的成绩，满以为将军会夸奖自己一番。谁知道将军直视着卡特的眼睛问道："这个成绩的确值得你骄傲，可你尽全力了吗？"

卡特坦率地答道："没有。"

"那为什么不竭尽全力呢？为什么不是第一名呢？"

将军的这句话震撼了卡特的心。此后，他一直用"竭尽全力"来鞭策自己顽强地学习和工作。

名人箴言

　　我觉得人生在世，只有勤劳、发愤图强，用自己的双手创造财富，为人类的解放事业共产主义贡献自己的一切，这才是最幸福的。
　　　　　　　　　　　　　　　　　　——雷锋

◆ 不请自来的见习职员

1930年3月27日，一位身高只有145厘米，体重只有52公斤的青年原一平以"不请自来的见习职员"身份敲开了日本明治保险公司的大门。负责的经理用不屑一顾的眼神看了他一眼，然后告诉他："你若想成为公司的正式职员，你每月必须推销保险一万日元。"

于是，他走上了推销保险的征程。他绞尽脑汁、积攒勇气地敲一扇扇门，一遍遍解说，然而迎来的却是一次次的拒绝。这其中有白眼，有嘲讽，还有辱骂。

不过，老天对他还是公平的。那一年岁末，他的业绩竟是16.8万日元。于是，他成了公司的一名正式职员。公司的主考官召见了他，并对其意味深长地说，你若想在保险推销中胜人一筹，你必须以表情制胜，用自己真诚的笑容去征服顾客。

一句话擦亮了原一平的眼睛。从此以后，他开始训练笑容。他对着镜子，开始做持续的、变幻的脸部运动。他练得走火入魔，以至于对身边一个不经意的过客都会发出几声迥异的笑声，以致被人称为"白痴"。

一天，他端详镜子，想感受一下自己究竟能发出多少种笑声，令人难以置信的是：他竟能一气呵成发出40种声音。如大方的笑，开朗的笑，欣慰的笑，甜蜜的笑，讽刺的笑，尖锐的笑，喜极而泣的笑，辛酸的笑，折磨对方的笑，故作糊涂的笑，嗤之以鼻的笑等等。

从此以后，笑成了原一平身上一道最亮丽的风景。笑同样使原一平的销售之路越走越远。

■名人箴言

没有一种不通过蔑视、忍受和奋斗就可以征服的命运。

——佚名

> "有一个理念，会遭到虚度岁月的人、无知的人和游手好闲的人的强烈反对，"雷诺兹说，"我却不厌其烦地重复它。那就是：你千万不要依靠自己的天赋。如果你有着很高的才华，勤奋会让它绽放无限光彩。如果说你智力平庸，能力一般，勤奋可以弥补全部的不足。如果目标明确，方法得当，勤奋会让你硕果累累。没有勤奋工作，你终将一无所获。"

◆ 墙角的金币

安德鲁是个穷小子，他最大的梦想就是哪天能够发笔大财，改变一下自己穷困潦倒的生活。淘金大潮起来之后，一心发财的他加入了这个行列。可是不远千里来到目的地，又辛苦劳作了半年之后，运气欠佳的他不但一无所获，还把来时带的一点钱也花光了。沮丧之下，安德鲁打算打道回府了。他的行李都装好了，就等着明天上路。

"安德鲁，安德鲁。"安德鲁忽然听见有人在叫他，待转过头去，发现是那位靠门站着的老人。

"有事吗？"安德鲁问老人。

"告诉我你最大的愿望是什么，我可以帮你实现。"老人微笑着对他说。

"愿望？"饱受打击的安德鲁摇了摇头，"原来我还梦想着哪天能得到一笔金子，现在看来一切都是做梦而已，算了吧，以后我再也不敢谈'愿望'二字了。"

"哈哈哈，"老人突然大笑了起来，"如果你真的只想要金子的话，你又何必跑这么远呢？你家中房屋的墙角处，就埋着一罐金子嘛。"说完，老人就消失了。

一急之下，安德鲁醒来了，哦，原来自己是做了个梦。在清晰梦境的刺激下，异常兴奋的他再也睡不着了。"难道这暗示着什么？难道自己家的墙角处真埋藏着金子？"他翻来覆去地想着，结果没等到天亮，他就背上包裹朝家的方向出发了。

后来，安德鲁成了当地最有名的富翁。因为按照神的指示，他真的在自己家的墙角处挖出了一罐金子。

得知这件事之后，有人半是嫉妒半是惋惜地对他说："早知道这样，还不如不跑那么远的路去淘金呢，吃了那么多苦，原来金子就在自己的脚底下。"

"不，如果我不去淘金，恐怕永远也不会知道这个结果。"安德鲁回答道。

名人箴言

幸福存在于生活之中，而生活存在于劳动之中。

——列夫·托尔斯泰

❖ 神童方仲永

方仲永家世世代代都是种田人。到了5岁，仲永还未见过纸墨笔砚呢！

有一天，奇怪的事发生了。仲永早上一起床，就哭哭啼啼地向妈妈要纸墨笔砚。妈妈以为是小孩子在耍性子，就没有理他。过了一会儿，仲永哭得更厉害了。他的爸爸问明情况，感到惊奇，就从邻居家借来写字的工具，看看儿子究竟要干什么。

仲永就像读书多年的秀才一样熟练地研上墨，铺好纸，然后拿起笔沾上墨汁，大笔一挥，在白纸上写下4句诗，又在诗上加了个题目。

这情境让仲永的父亲看呆了，他马上拿起儿子作的诗，让乡里的读书人看。那些人读了，惊叹不已，连声称赞："好诗！好诗！"大家又把仲永招来，指定题目，让他当场作诗。仲永毫无难色，稍一思索，便出口成诗，而诗的文采、内容都很有水准，让人信服。于是，仲永5岁作诗的美名便传扬四方，被誉为"神童"。

仲永的才华传到城里，有很多人感到奇异，就招来仲永，令他作诗。这些人常给仲永父亲些钱财作为奖励，这使仲永父亲非常高兴。后来，仲永父亲每天牵着仲永轮流拜访城里的人，借此机会表现他的作诗才能，以博取人家的奖励。

有人建议说："让仲永去读书吧。"仲永父亲说："既然是神童，有天赐的才华，又何必去读书浪费钱呢？"这样，仲永终没能读一天书。

仲永到了十二三岁时，所作的诗已不如以前了；到了20岁，他的才华已全然消失，跟普通人没有什么两样了。

名人箴言

才能不是天生的，可以任其自便的，而要钻研艺术请教良师，才会成材。
　　　　　　　　　　　　　　　　　　　　——歌德

◆ 勤能补拙的陈正之

在宋朝，有一个叫陈正之的人患有先天智力发育不良症，看上去傻头傻脑的。有一次，老师教大家学一篇几百字的文章，其他的同学很快便会背了，而他花了九牛二虎之力，才识了几十个字。照有些人来说，认识了几十字就可以记在脑子里，他却不同，认识的字多了，又会张冠李戴，经常读错，内容短或浅显的文章，别的同学读几遍都能倒背如流了，他却读几十遍、几百遍都还是结结巴巴、吞吞吐吐的。因为这样，他经常受到老师的教训，同学的讥笑，人们还给他取了一个外号"陈傻子"。

小陈正之没有灰心，更不自暴自弃。他心里十分清楚自己笨，他就想方设法，左思右想，想出了"以勤补拙"的好办法。在学习时，别人读一遍，他就读三遍四遍，甚至八遍十遍；别人用一个时辰读书，他就用上几个时辰埋头苦读。他坚持一句句读，一个字一个字读，天天如此，从不间断。有一年，他跟老师读《诗经》，他就一段一段地读懂。每学完一章，他又把整篇文章串起来读。白天读，夜晚读，一直读到全部弄懂，背下来为止。从此以后，老师同学不再鄙视他，反而对他刮目相看。

日复一日，年复一年，陈正之坚持不懈地努力，不仅博览群书，还养成了锲而不舍的好习惯，学问与日俱增。有志者，事竟成。陈正之终于成为我国宋代一位著名的博学之士，人们从此尊称他为"陈学者"。

名人箴言

　　任何一个人的任何一点成就，都是从勤学、勤思、勤问中得来的。
　　　　　　　　　　　　　　　　　　　　　　——夏衍

◆ 晚上 8 点到 10 点之间

　　台湾商界奇才陈茂榜 15 岁时，由于要负担家计被迫辍学到当时台湾第二大书店——"文明堂"当店员，他每天从早到晚要工作 12 个小时。他白天在书店工作，晚上住在店里，所以每天晚上 9 点打烊后，书店就变成了他的私人书房，或坐或卧，任他邀游。他把读书当成了嗜好与享受，依照自己的兴趣，先从小说、传记等通俗读物读起。日子一久，他渐渐养成了每晚至少必须读两小时书的习惯。久而久之，通俗读物逐渐不能满足他的阅读需求了，他开始涉猎经济与管理等专业性较强的书籍。他在"文明堂"工作了 8 年时间，也读了 8 年的书。他说："初进'文明堂'时，我只有小学毕业程度；8 年后离开时，我的知识水准已经不亚于大学生了。"

　　8 年的自修为他奠定了日后成功经营企业的重要基石。在世界各地演讲时，陈茂榜总不忘对听众说："记住这样一句话：一个人的命运，决定于晚上 8 点到 10 点之间。"

名人箴言

　　珍惜时间，而勿为时间所乘。　　　　　　——富兰克林

艺术没有止境

战国时候,秦国有一位著名的歌唱家叫秦青。他不仅有很高的演唱水平,还热心培养青年人。在他所教的学生中,有个叫薛谭的人,他音乐素质高,学习进步也快,秦青常常表扬他,还让其他同学向他学习,大家都很佩服他的才能。

渐渐地,薛谭以为自己把老师的本领都学会了,开始骄傲起来,并且认为跟着老师也没有什么好学的了。于是,他就编造理由,要求离开秦青回家。开始,秦青有点儿吃惊,可是他仔细想了想,明白了薛谭离开的原因。于是,他对薛谭说:"好吧,老师答应你,什么时候走,请一定跟老师说一声,我要亲自为你送行。"

到了薛谭回家的那一天,秦青亲自送他出城,并在郊外的大路旁为他举行了一场告别的演出。只见秦青席地而坐,打着节拍,唱起一曲悲伤的送行歌,表示对薛谭辞学回家的惋惜。他的歌声,发自肺腑,使在场的所有弟子们感动得泪落连珠;那歌声,传遍原野,使林木振动得发出沙沙声响;那歌声,直上云霄,连天空中飘动的云朵似乎也在驻足而听。

薛谭听着老师的歌声,看着眼前的情景,不由得想起了老师曾经给他们讲过的韩娥的故事:"过去韩国有个叫娥的人,到东边的齐国去,路上没有饭吃了,经过齐国的雍门时,在那里卖唱乞讨食物。后来,她离开了雍门,但是她唱歌的余音还绕着那雍门的中梁,三天三夜也不消失,当地的人还以为她没有走呢。后来她住客栈时,客栈的人侮辱她。娥因此放声哀哭,整个街上的男女老幼都为此而悲伤愁苦，面对面流泪，三天都茶饭不思。街上的人赶紧去把她追回来。娥回来后，又放声歌唱，于是整个街上的男女老幼欢喜跳跃拍手舞蹈，不能克制自己，完全忘了刚才的悲伤情绪。街上的人于是给了她很多钱财，恋恋不舍地把她送走。所以雍门那里的人，至今还善于唱歌表演，那是效仿娥留下的歌唱技艺啊。"原来，薛谭并不相信天下会有这么高超的演唱艺术，如今听了老师的演唱，才明白了自己学艺不精和老师的良苦用心。想到这里，薛谭恭恭敬敬地对秦青说："老师，你唱得太好了，值得我学习的地方太多了，我不能走，我要跟老师学习一辈子。请老师原谅我。"

从此，薛谭安下心来，勤奋学习，再也不提回家的事了。他终于成了一名优秀的歌手。

■ 名人箴言

我的努力求学没有得到别的好处，只不过是愈来愈发觉自己的无知。
——笛卡儿

❖ 终生努力的书法家

舒同是一位农民的儿子，一位在疆场上驰骋过的高级军干部。他又是全国著名的书法家和中国书法家协会创始人。他的首次书法展在北京举行时，吸引了众多书法爱好者前往参观。

舒同早在井冈山时期就被毛泽东同志称为"党内一支笔，红军书法家"，其书法功力深厚、笔法遒劲、法度严谨、独具风格，被人们称道为"舒体"。1936年，延安抗日军政大学筹办时，有关同志请毛泽东题写校名。当时毛泽东正在撰写《实践论》，就推荐舒同写。"延安抗日军政大学"的校名和"团结、紧张、严肃、活泼"的校训便出自舒同之手。舒同担任山东省委第一书记时,单是1959年,便和毛泽东6次在一起研究工作和探讨书法艺术。有一次,毛泽东游览济南大明湖时对舒同说:"乾隆的字到处有,但有筋没骨,我不怎么喜欢。"然而,他却常常向别人称赞舒同的书法好。

这位蜚声书坛的红军书法家,是江西省东乡县人。他的父亲以做农活兼营理发维持全家生活。当时虽然家境寒微,他父亲为了使儿子成材,还是硬撑着把他送进乡间的一所私塾。舒同回忆说:"我进私塾那年只有6岁,是家里人节衣缩食维持我就学的。从那时起我开始学习书法,并对它产生了浓厚的兴趣。"

小学和中学阶段的刻苦训练,为舒同炉火纯青的书法艺术打下了坚实的功底。由于家境贫寒,无钱买纸笔,他从河里拣来红粉石磨成红墨汁,把野黄瓜砸碎泡成黄墨水,从染布房要来废染料当黑墨汁,把嫩竹制成"毛笔",用芭蕉叶当纸,便练习起书法来。他先是用清水写,干了再用黄水写,最后用黑染料写,如果能搞到一张马粪纸,就更是当做宝贝了。12岁时,舒同在家乡就小有名气了。14岁时,家乡的一位拔贡先生做60大寿,特邀舒同为他写庆寿书匾。当时舒同手执大笔,一挥而就4个斗大的字:"如松柏茂"。拔贡先生看后赞誉不止,说他的字刚健雄厚,大气磅礴,有开阔豪放的气概。

从此,他的书法在家乡引起了人们的瞩目。每当逢年过节,到他家请他写对联的人络绎不绝。舒同16岁就读于江西省第三师范学校的时候,就已经有很多人请他用宣纸写字,然后装裱起来作为艺术品欣赏。他当时的墨迹有些一直保存至今。可以说,这位大名鼎鼎的书法家的艺术基石,完全是在小学和中学时奠定的,靠的就是勤学苦练和孜孜以求的治学态度。概括地说,他从小立志开始走上成材之路，到中学时代进一步有意识地朝着自己选定的目标不懈努力，因而一步一个脚印地走进了自己所热爱的书法艺术的更高境界。

正是从小养成的习惯，使他在以后的年月中，不管是在硝烟弥漫的战场上，还是在公务繁忙的领导岗位上，甚至被关在"牛棚"里，都始终坚持研究书法。如今，舒同的书法已经享誉国内，"舒体字"深得人们喜爱。

■名人箴言

　　胜利者往往是以坚持最后五分钟的时间而得来的成功。

——牛顿

林纾苦读成大器

林纾小时候家里很穷，却爱书如命，买不起书，只好向别人借来自己抄，按约定的时间归还。他曾在墙上画了一具棺材，旁边写着"读书则生，不则入棺"，把这8个字作为座右铭来鼓励、鞭策自己。这句名言的意思是他活着就要读书，如果不读书，还不如死去。他常常是起五更睡半夜地摘抄、苦读。他每天晚上坐在母亲做针线的清油灯前捧着书孜孜不倦地苦读，一定要读完一卷书才肯睡。由于家穷，加上读书的劳累，18岁时，他患了肺病，连续10年经常咳血，但他卧在病床上还坚持刻苦攻读。到22岁时，他已读了古书2000多卷，30岁时，他读的书已达1万多卷了。

他曾经说："用功学习虽是苦事，但如同四更起早，冒着黑夜向前走，会越走越光明；好游玩虽是乐事，却如同傍晚出门，趁黄昏走，会越走越黑暗。"

他不懂外文，但由于他的文学功底深厚，竟采用世人很少见的翻译书的方式：先后由十多个懂外文的人口述，他作笔译，将英、美、法、俄、日等十几个国家的1700余部名著翻译成中文，开创了中国翻译外国文学著作的先例，影响很大。法国小仲马的《茶花女》，就是他与别人合作翻译的第一部外国长篇小说。康有为把林纾与严复并列为当时最杰出的翻译家，称赞说"译才并世数严林"。

名人箴言

具有伟大的梦想，出以坚决的信心，施以努力的奋斗，才有惊人的成就。

——马尔顿

用脚画画的杜兹纳

法国名画家纪雷有一天参加一个宴会，宴会上有个身材矮小的人走到他面前，向他深深鞠一躬，请求他收其为徒弟。

纪雷朝那人看了一眼，发现他是个缺了两只手臂的残疾人，就婉转地拒绝他，并说："我想你画画恐怕不太方便吧？"

可是那个人并不在意，立刻说："不，我虽然没有手，但是还有两只脚。"说着，便请主人拿来纸和笔，坐在地上，用脚指头夹着笔画了起来。他虽然是用脚画画，但是画得很好，足见是下过一番苦功的。在场的客人，包括纪雷在内，都被他的精神所感动。纪雷很高兴，马上收他为徒。

这个矮个子自从拜纪雷为师之后，更加用心学习，没几年的工夫便名扬天下，他就是有名的无臂画家杜兹纳。

名人箴言

幸福的泪由劳动的汗水酿成；失望的泪只有用奋斗才能抹去。

——MRMY. NE

◆ 自学成才的王冕

600多年前，在风景秀丽的会稽山中，隐居着一位白发苍苍的老人。他淡泊宁静，靠卖画为生。虽然他的画很有名气，但他从不抬高价格。特别是他的墨梅，花密枝繁、动笔劲健、生机盎然，远近闻名，达官贵人都想高价收买，他却毫不动心。相传明太祖朱元璋攻下金华曾邀请他去做官，他也婉言谢绝，一直隐姓埋名，病逝在山中。他，就是我国元代著名画家、诗人王冕。

1287年，王冕诞生在浙江省诸暨县一个贫苦的农民家庭里。7岁时，父亲不幸去世；只能靠母亲种田和帮人家做些针线活来维持家庭生活。因为家里穷，王冕很早就懂得生活的艰难，常帮母亲腾出手来剪裁缝补。眼看着跟他差不多年龄的孩子到村里私塾念书，王冕心中很羡慕，经常在母亲面前谈起小朋友在学堂读书的事。

母亲懂得孩子的心事，典卖了家里的一些东西，让王冕到村塾里去读书，读了3年，家里实在太困难了。一天，母亲把王冕叫来，眼里含着泪花，说："孩子啊，不是我有心不让你读书，只因你父亲去世以后，我一个寡妇人家，挣钱不容易，现在年景不好，吃的米、烧的柴价钱也贵，靠给人家做点针线活，赚不到多少钱，不能供你读书了。"

王冕看着母亲不安的神色，心里也很难过，连忙对母亲说：

"妈，您别说了，我在学堂里，心里也闷得慌，就不去了。"

母亲说："我和隔壁秦大伯家说了，你去帮他家放牛，管你的饭食，每月还挣点钱。孩子，你明天一早就到秦大伯家去。"

王冕安慰母亲说："妈，您放心吧，我到秦大伯家去放牛好了，放牛是件轻松的活儿，我还可以带几本书去呢。"

第二天起，王冕每天把牛赶到肥美的草地上，让牛慢慢地踱着吃草，自己则坐在一边的树阴底下，默写学过的字。有时见牛吃饱了，便将它拴在树下，自己跑到村塾里听村童读书。日子一久，王冕认的字多了，又跟着读了一些古诗。他每学一首诗，都要弄清诗句内容，联系眼前的山水景色、田园风光，揣摩诗中的意境，得到启发和领悟。

王冕不仅勤奋学习，而且很孝敬母亲，宁可自己挨饿受冻，也要让母亲吃饱穿暖。有好几次，东家留他吃饭，煮了些腌肉、腊肉给他吃，他都舍不得吃，用荷叶包起来，带回家给母亲吃。母亲问："你吃过了吗？"王冕笑着说："吃过了。"母亲将信将疑，王冕拍了拍肚皮说："我吃得饱饱的，这是多余的，您就赶快吃吧。"他坚持要母亲当面吃下去，才满意地离开。母亲热泪盈眶，非常喜爱自己的儿子。

可是，有一次母亲对王冕生气了。

这是发工钱的日子，往常，王冕总是把大部分钱都交给母亲，只留下几文零钱，自己买东西吃。然而这一次，王冕只拿回了很少的钱，母亲问他："钱上哪儿去了？"他支吾着不敢回答。母亲以为他把钱都用去买吃的了，也没有责备他，因为家中常常是上顿不接下顿。母亲只是沉重地叹了口气。母亲看着他越来越瘦，给她的钱却越来越少，便生了疑。有一次，母亲跟着他上了山，只见他坐在树阴下面认真读书，牛被拴在树上。望着书包里许多旧书，母亲明白钱花在买书上了。她走上去，怒气冲冲地说："你光顾看书不要命了？"王冕像是做了什么亏心事似的，不好意思地低下了头。母亲把他拥在怀里，心疼地哭了："孩子啊，这可苦了你了！"从此，母亲便主动给些钱让他买旧书，他读书也更勤奋了。

十三四岁时，有一天傍晚，王冕放牛来到湖边，他疲倦地坐在绿草地上。正是梅雨季节，天气闷热，乌云密布，忽然一阵大雨，铺天盖地地下了起来。过了一会儿，乌云渐渐地散去，西边的太阳照得满湖红彤彤的，青山、绿水、荷花映日，格外美丽。王冕被这壮丽的景色惊呆了，他想，古人说"人在图画中"确实不错，他真想把这幅美景画下来。

说干就动手，他托人到城里买了些胭脂铅粉等画画用品，开始学画荷花。一开始，怎么画也画不像，像个大草帽，哪里像荷花呢。但他毫不气馁。白天，仔细观察；晚上，认真学绘画。每到夜晚，由于家里没有油点灯，他便到附近的庙宇里，坐在菩萨的膝上，借长明灯的灯光发奋苦读，也在昏暗灯光下学画画。夜深了，万籁俱寂，偶尔传来青蛙的叫声，蚊子嗡嗡地叮得人心烦意乱，但王冕仍然全神贯注地读书学习。

天长日久，王冕勤奋好学的名声渐渐传开了，一个名叫韩性的读书人听说以后，高兴地收他为学生，教给他读书、画画和系统的学习的方法，使他获得许多知识。功夫不负有心人，王冕坚持苦练，3个月之后，终于将荷花画得非常传神了。那姿态，那色彩，就像是湖里长出来的，只是多着一张纸罢了。乡亲们知道他画得好，纷纷来买他的画。他从不多收钱，有时还送画给穷苦的人。他卖画的钱，都用来买些好东西孝敬母亲。后来他不放牛了，专门靠画画谋生，同时又读古人的诗文，增长见识，在这一带也有些名气了。

王冕生长在一个贫寒之家，家人无力供他上学，全靠他一边放牛一边自学,一边学画画,没有上过什么有名的艺术殿堂,他通过顽强的自学、钻研,终于成了有名的诗人和大画家。

■ 名人箴言

　　世间没有一种具有真正价值的东西,可以不经过艰苦辛勤的劳动而能够得到的。　　　　　　　　　　——爱迪生

◆ 从困境中走出来的夏内尔

　　夏内尔是一位非婚生女,出生在19世纪末期法国西南部的索米埃小镇上。当时由于这个特殊的身份,她和她的母亲饱受人们的歧视和羞辱。她从没有得到过父亲的爱,在她6岁那年,母亲突然去世,她被迫进了孤儿院。孤儿院里的生活是非常苦的,她忍受耻辱,苟且偷生,像囚犯一样干着非常繁重的工作。但这种困境也锻炼了她。锻炼了她的意志力和忍耐力,并使她练就了一手杰出的缝纫技能。

　　16岁时,夏内尔冒险逃离了孤儿院,独自来到远离家乡的穆兰小镇上。起初为了吃饭,她以卖唱糊口。在生活的巨浪中,她备受歧视,不得已为生计到处奔波,受尽了磨难。就在她几乎陷入绝境的时候,她在孤儿院里练就的缝纫技能救了她——她找到了一份在服装用品店上班的工作。出色的手艺使她一下子成了小镇上的名人。

　　在朋友的帮助下,她来到巴黎,并且开了一家帽子店。她利用自己的聪明才智和精巧的手艺,改造了当时流行的帽形,创造出风靡一时的"夏内尔帽"。帽子店虽小,但由于她的苦心经营却大获成功。夏内尔的不平凡之处,就在于她能领导潮流,经过她设计的衣

服，立刻成为时尚。

随着事业的扩大，她把帽子店改成服装店。从困境中走出来的夏内尔，时刻没有停止奋斗，她的天才得到淋漓尽致的发挥。她接连发明了法国夏内尔5号香水和19号香水，被誉为"香水之王"。

第二次世界大战期间，她的事业受到了巨大的冲击，被迫关闭了时装店，但二战结束后，她再度开张，夏内尔时装再度风靡起来。

■名人箴言

让人长一智的不是成功，而是挫折和失败。

——夏内尔

霍勒大妈

从前，有一个寡妇，膝下有两个女儿，一个既漂亮又勤劳，而另一个则又丑又懒，寡妇却格外疼爱又丑又懒的那一个，因为那是她的亲生女儿；另一个呢，不得不什么活儿都干，成了家里名副其实的灰姑娘。可怜的姑娘每天必须坐到大路旁的水井边纺线，不停地纺啊纺，一直纺到手指磨出了血。

有一天，纺锤全让血给染红了，姑娘打算用井水把它洗干净，不料纺锤脱了手，掉进井里。她害怕遭继母的斥骂，就跳进了井里。在井里，她失去了知觉，等苏醒过来时，发现自己躺在一片美丽的草地上。她站起身来，向草地的前方走去，在一座烤炉旁停下了脚步，发现烤炉里装满了面包。

面包对她说："快把我取出来，快把我取出来，不然，我就要被烤焦啦。我在里面已经被烤了很久很久啦。"

姑娘走上前去，拿起面包铲，把面包一个接一个地全取了出来。随后，她继续往前走，来到一棵果实累累的苹果树下，果树冲她大喊大叫："摇一摇我啊，摇一摇我啊，满树的苹果全都熟透啦。"

于是，姑娘用力摇动果树，苹果雨点般纷纷落下，直到树上一个也不剩，她才停下来；接着她又把苹果一个个捡起来堆放在一起，又继续往前走。

最后，姑娘来到一幢小房子前，只见一个老太太在窗前望着她。老太太青面獠牙，姑娘一见心惊胆战，打算赶快逃走。谁知老太太大声嚷嚷起来："亲爱的，你干嘛害怕呢？就留在我这儿吧！要是你愿意在这儿好好干家务活儿，我保你过得舒舒服服的。你千万要当心，一定要整理好我的床铺，使劲儿抖我的床垫，要抖得羽绒四处飘飞，这样世界上就下雪了。我是霍勒大妈。"

老太太说这番话时，和颜悦色，姑娘于是鼓起勇气，答应留下来替她做家务事。她尽力做好每件事情，使老太太心满意足。抖床垫时，她使出全身力气，抖得羽绒像雪花儿似的四处飘飞。因此，老太太对她也很好，使她生活得挺舒适，每天盘中有肉，要么是炖的，要么是烧的。

就这样过了一段时间之后，姑娘渐渐变得忧心忡忡起来，原来是想家啦。在霍勒大妈家里的生活比起在继母家里的生活，真是一个天上，一个地下，尽管这样，她依然归心似箭。最后，她对霍勒大妈吐露了自己的心事。

霍勒大妈听后回答说："你想回到家人身边，我听了很高兴。你在我这儿做事尽心尽力，我很满意，那么我就亲自送你上去吧。"

说罢，霍勒大妈牵着姑娘的手，领着她来到一扇大门前。大门洞开，姑娘刚刚站到门下，一粒粒的金子就像雨点般落在她身上，而且都牢牢地黏附在她衣服上，结果她浑身上下全是金子。

"你一直很勤劳,这是你应得的回报。"霍勒大妈对她说,说着又把她掉进井里的纺锤还给了她。

忽然,大门"砰"的一声就关上了,姑娘又回到了上面的世界,她就站在她继母家的附近。

她走进院子的时候,蹲在辘轳上的大公鸡咯咯地叫了起来:

"咯……咯……咯……咯……

"咱们的金姑娘回来啰!"

她走进继母的房间,因为浑身上下沾满了金子,继母和妹妹亲热地接待了她。

姑娘跟她们讲述了自己惊心动魄的经历。继母听完了她获得这么多金子的过程,就打算让她那个又丑又懒的女儿也享有这么多的金子,于是她把这个女儿打发到井边去纺线。为了使纺锤染上血污,这个姑娘就把手伸进刺篱笆里,将自己的手指扎破。然后,她把纺锤投入井里,自己也随即跳了进去。

在井里,她像姐姐一样,先是来到一片美丽的草地,然后顺着同一条小路往前走去。她走到烤炉前时,面包冲着她大声叫喊:"快把我取出来,快把我取出来,不然我就要被烤焦啦。"可这个懒惰的姑娘听了却回答说:"谢谢,我才不想弄脏我的手。"说完继续往前赶路。

不大一会儿,她便来到苹果树下,果树跟上次一样喊叫着:"摇一摇我啊,摇一摇我啊,满树的苹果全都熟透啦。"

她回答道:"当然可以呀,可苹果落下来会砸着我的脑袋。"说完继续赶路。

来到霍勒大妈的小房子前时,因为她听姐姐说过老太太青面獠牙,所以见了面一点儿也不感到害怕。第一天,丑姑娘心里始终惦记着作为奖赏的金子,所以强打起精神,装成很勤快的样子,而且事事都照着老太太的意愿来做。可到了第二天，她就懒起来了；第三天呢，她懒得更加不像话，早上甚至赖在床上不想起来，连整理好霍勒大妈的床铺这件事也给忘记了，更不用说抖床垫，抖得羽绒四处飘飞了。几天下来，老太太已经受够了，就预先告诉她，她被解雇了。懒姑娘一听，满心欢喜，心里想道："该下金雨啦！"

霍勒大妈领着她来到那扇大门前，可当她站到门下时，非但没有金子落下来，劈头盖脸地泼了她一身的却是一大锅沥青。"这就是你应得的回报。"霍勒大妈对她说，说完便关上了大门。

懒姑娘就这样回到了家里，浑身上下糊满了沥青。蹲在辘轳上的大公鸡看见了她就咯咯地叫了起来：

"咯……咯……咯……咯……

"咱们的脏姑娘回来啰！"

懒姑娘身上的沥青粘得很牢，无论怎样冲洗也无济于事，她只好就这样过一辈子了。

名人箴言

懒惰受到的惩罚不仅仅是自己的失败，还有别人的成功。

——米尔·勒纳尔

❖ 勤学的僧一行

唐中宗年间，在今浙江省的天台山上有一座国清寺。一天，主持和尚忽然将手中的算筹一拍，说道："今日当有弟子前来求见，已到山前，何人下去为他领路？"一位小僧连忙应声下山。

过了一会儿，僧房门开，只见小僧带着一个二十四五岁的青年走了进来。一件袈裟斜披肩上，显得风尘仆仆，一看就是远游而来。年轻人走到老僧身旁，双手合掌道："小僧有礼，弟子拜见师傅。"

老僧赶忙扶住他，笑着说："前几日我就算出你要来求我算法，今日在此坐等多时了。我不久当西去，这么多算书、算法正愁无人可传，今日你来真是天作之合。"

这个年轻人是谁呢？原来他姓张名遂，法名一行，从小好学，尤其喜欢天文历算，因为被权贵逼迫，他在河南嵩山的嵩岳寺里出家为僧。那嵩岳寺也是一座有名的寺院，里面有不少高僧和藏书。张遂在那里住了几年，通读藏书，研习数学，但很快他又不满足于现有的学习条件。听说浙江天台山有一位高僧，他便千里迢迢地赶来请教。

这位老僧见他十分聪慧，心里也很喜欢，将他带入藏经阁。和一般的寺庙不同，这里面收藏的，全是些《九章算术》、《海岛算经》之类的数学典籍。张遂一看，高兴得手舞足蹈，再也没有了先前的矜持。

从此以后，他便在这里住下，遍读了所有的藏书。如果碰到不懂的问题，他就请教老僧。就这样，他在这里一直待了十几年，才又返回嵩岳寺。正是这一段时间的刻苦勤学，奠定了他日后的成就。

公元717年，唐玄宗特意遍访有才的功臣弟子。由于祖上对朝廷有功，张遂被征召到了长安。此后，他竭尽全力，改革历法，制造了大量的天文、计时仪器。7年后，他又领导了全国大规模的天文测量，在北起河北蔚县，南到越南河内、顺化的漫长的路线上观察日月星辰的变化，测得的数据全都及时送回长安，由张遂进行总的计算。

在这次测量过程中，张遂用复尺测出了地球的纬度，从而计算出了整条子午线的长度。当时，他算出每度弧长132.03千米，虽与现在测得的 111.2 千米相比还不甚精确，但这在世界上却是第一次实测子午线每度的弧长。90 年后．才在幼发拉底河平原上进行了一次子午线的测量。不仅如此，在掌握大量数据的基础上，他还编制出了一部著名的历法——《大衍历》。

公元 727 年 10 月，张遂跟随唐玄宗到洛阳出巡。这个时候，他已经积劳成疾，到潼县附近，他便不省人事了。唐玄宗听说后，急忙赶来探望。张遂用力睁开双眼，轻声说道："陛下，贫僧一生观星尚不能穷其究竟，今当升天，再去究其细微。愿陛下早早颁行新历，以利民生。"说完溘然长逝，时年 44 岁。

可以这样说，他将自己的一生全都奉献给了自己所钟爱的天文事业。公元 1977 年 7 月，中国科学院紫金山天文台把新发现的并被国际上承认的 4 颗小行星赋予了中国古代科学家的名字，其中之一就是一行和尚——张遂！

名人箴言

天才是不足恃的，聪明是不可靠的，要想顺手捡来的伟大发明是不可想象的。

——华罗庚

推窗习画

提起唐寅，人们很自然就会想到唐伯虎点秋香的故事，以及那个为追求喜爱的女性而甘愿卖身为奴的风流才子。这些民间流传的故事，为大家展现了一个生性浪漫、风流狂放的唐伯虎。但是，现实生活中的唐伯虎也像许多读书人一样，有勤学努力的时候。

唐寅，出生于明朝庚寅年，故名唐寅，因排行老大，又称唐伯虎。因为家道中落，父亲唐广德在姑苏城开了家小酒店。他认为经商不如读书做官好，虽然迫于生计从商，总觉得地位卑微，于是对儿子抱有很高的期望，决心让儿子求学。

聪明伶俐的唐伯虎，从小就在画画方面显示了超人的才华和天赋。年仅11岁的他文才极好，字画方面尤其出彩。16岁时，唐伯虎参加秀才考试，轻松获得第一名，被收为府学生员。几代经商的唐家感觉十分荣耀，他也受到了全城读书人的称赞。

但是，他也是一个非常顽皮的孩子，那种不拘礼节的放肆行为又是一般书香门第所少见的。经过父亲的一位朋友引荐，唐伯虎投入吴门画派创始人——大画家沈周的门下，从此他的绘画天赋得到了充分发挥和展现。

有了良师的指导，唐伯虎学习更加刻苦勤奋，掌握绘画技艺也很快，受到了沈周的称赞。谁知道，由于老师沈周的这次称赞，把原本谦虚学画的唐伯虎性格中狂放不羁的一面激发了出来，渐渐地产生了自满骄傲的情绪。

沈周看在眼中，记在心里，决心找个机会给唐伯虎上一课。有一次，他们一起吃饭时，沈周让他过去打开靠墙的窗户。唐伯虎走过去，双手刚碰到窗户时，发现自己手触的"窗户"竟然是老师沈周画的一幅画。唐伯虎吃了一惊，老师画的窗户竟然可以以假乱真。

"伯虎啊，最近你学画可是有点浮躁。虽然你的天资过人，学习进步很快。但是，你要明白，在这个世界上是天外有天，人外有人呀。学习千万不能因为一时的进步而产生骄傲自满的情绪。"老师沈周语重心长地说。唐伯虎惭愧地低下下头，记住了老师给他的教训。从此他刻苦学习，细心揣摩，画技进步更快了。

25岁之前的唐伯虎，过着读书、游历、吟诗作画的单纯生活。经过不懈努力，唐伯虎29岁时参加南京应天的乡试，获得第一名

"解元"，于是就有了"唐解元"的雅号。会试时，却因为牵扯到科场舞弊案，他的仕途之路从此断送。心灰意冷的唐伯虎开始游历名山大川，更加专心于绘画了，把所有精力都用在了书画上。

几年后，由于父母妻儿等去世的打击，唐伯虎精神上受到了极大的刺激，曾经一度消沉，终日与朋友饮酒消愁。但后来经过好朋友好心的劝导，他又重新振作精神，继续埋头钻研学问，更加执著地潜心学艺，他的画艺得到了更大的提高。

据说，他画的虾，往水里一丢，就好像全都变得鲜活了。不仅如此，唐伯虎更擅长画山水和工笔人物，尤其是仕女。许多名家都称赞他的画法潇洒飘逸，冠绝一时。

名人箴言

无论天资有多么高，他仍需学会了技巧来发挥那些天资。

——伏尔泰

从逃学到勤学

孟子是我国战国时期著名的思想家、政治家和教育家。孟子年幼的时候，父亲就因病过世了。孟子的母亲是一位了不起的女性，她不仅一个人把孟子抚养长大，还教给他做人和学习的道理。

孟子到了上学的年龄，母亲把他送到学堂上学。刚开始，孟子十分用功，每天认真习字读书，回到家里还向母亲背诵新学的课文。可是班上许多小朋友都十分顽皮，不仅上课不认真听讲，还时常逃学到山上去玩。

有一天，一个小朋友对孟子说道："孟轲，咱们出去玩吧，天天坐在屋子里面读书好闷的。"

孟子摇摇头："这不太好吧，让老师知道了可不得了。"

小朋友拉着他的胳膊："没事的，你看，这会儿老师不在，大家都跑去玩了。"

孟子一看果然如此，也就同意跑出去玩一会儿。山上的风景很美，大家在树林里一起玩游戏，第一次逃学的孟子玩得十分开心，很晚才回家去。

渐渐地，孟子喜欢上了逃学，时常趁老师不在，和许多小朋友藏在山里玩耍。一天下午，他们结束游戏各自回家了。回到家里，母亲正坐在窗子前面织布。看见他回来得这么早，母亲不禁感到奇怪，就问他："今天怎么这么早就放学了？"

孟子一时答不上来，低着头看着自己的脚尖，不知道该说什么。

母亲一看他的神色不对，又问："今天都学了些什么？给妈妈说一说。"

孟子更是什么也说不出来，红着脸承认自己逃学出去玩了。母亲其实早就听说孟子逃学的事，只是她不相信儿子会干出这种事情来。现在听见孟子承认自己逃学，感到生气极了。

她停下手中的织布机，拿起剪刀，问孟子："母亲问你，你觉得母亲这样天天织布累不累啊？"

孟子羞愧地点点头。

母亲继续说道："母亲织布是为了什么呢？就是为了挣钱供你读书，可你却不珍惜上学的机会，实在太让母亲失望了。"

母亲说着，对着织好的布一剪刀剪下去，把刚织的布剪断，孟子吓得连忙跪下了，难过地说："母亲，我错了，求您了，别剪布，再给孩儿一次机会。"

可是母亲并没有因而饶恕他，依然当着他的面无情地把布剪断，然后说道:"你知道吗?织布的时候一旦剪断就很难再往下织,读书也是一样,一旦中断就很难读得好。你整天逃学去玩,能学得好吗?"

孟子这才明白母亲的用意,剪断布并不是吓他,而是教育他要好好读书。从此以后他再没有逃学,相反比刚去学堂的时候还要努力学习,每天勤奋地练字和背诵课文。他的努力没有白费,他不仅成为当时著名的思想家,他的作品还成为千年流传的佳作。

名人箴言

天才就是最强有力的牛,他们一刻不停,一天要工作18小时。

——于尔·勒纳

王献之戒骄练字

王献之,是"书圣"王羲之的第七个儿子。王献之自幼聪明好学,因此小小年纪就写得一手好字了。

有一次,王羲之看小献之正聚精会神地练习书法,便悄悄走到他身后,伸手去抽献之手中的毛笔,结果献之握笔很牢,没被父亲抽掉。父亲看了之后很高兴,夸赞他学习认真刻苦,长大后肯定会成名。小献之听到父亲的夸奖后,心中沾沾自喜。

还有一次,王羲之的一位朋友让献之在扇子上写字,献之挥笔便写,突然笔落扇上,把纸弄脏了,小献之灵机一动,随手补画了一只栩栩如生的小牛在扇面上。小献之的聪明赢得了客人的赞赏,加上众人对他的书法和绘画赞不绝口,他便慢慢地滋长出骄傲情绪来。

一天，小献之问母亲："我的字，只要再写上3年就行了吧？"妈妈摇摇头。

"5年总行了吧？"妈妈还是摇摇头。

一听5年还不能练好字，小献之急了，冲着妈妈说："那您说究竟还要多长时间啊？"

"你要记住，写完院子里的这18缸水，你的字才会有筋有骨，有血有肉，才会站立得稳！"小献之回头一看，原来父亲已站在他的背后。

尽管心中很不服气，但由于家教严厉，再加上自尊心极强，小献之还是接受了父母的意见。

转眼间，5年过去了。小献之心想，时间到了，功夫也下了，应该会有想象中的收获了。于是，他把一大堆写好的字给父亲看，希望听到几句表扬的话。谁知，王羲之一张张地翻过去，只是一个劲地摇头。掀到了一个"大"字时，他随手就在"大"字下面填了一个点，说："你的字功力还差得远呢！继续努力练习吧。"

小献之心中不服，又将全部习字抱给母亲看，并愤愤地说道："我又练了5年，并且是完全按照父亲的字样练的。可是，父亲依然不认为我写的字好！母亲您仔细看看，我和父亲的字还有什么不同吗？"

母亲听了小献之的抱怨后，笑了笑说："这些字我先拿回去，认真看了之后再说。"二天后，母亲在习字中找出有"大"的那篇，看着"大"字下面加的那个点，叹了口气说："儿子啊，你才磨尽了18缸水中的3缸呀，才有那么一点点像你父亲的字。"

小献之听后泄气了，有气无力地说："想写好字可真难啊！这样下去，什么时候才能有个好结果呢？"

母亲见他的骄气已经消尽，就鼓励他说："孩子，只要功夫深，就没有过不去的河，翻不过的山！你只要像这几年一样坚持不懈地练下去，就一定会达到目标的！"

他终于明白了父母的用意，下决心学习父亲刻苦勤奋的精神。他每天端坐案前，凝神聚气，提笔运腕，开始认真地练起字来。春去秋来，一年又一年不断地习字。

功夫不负有心人，当小献之练字用尽了 18 大缸水后，在书法上也获得了突飞猛进的提高。后来，他和父亲王羲之被人们尊称为"二王"。

名人箴言

在日常生活中靠天才能做到的事情，靠勤奋同样能做到；靠天才不能做到的事情，靠勤奋也能做到。　　——亨沃比彻

小木块

有这样一个故事：一个懒惰的年轻人，四处寻找能够克服他凡事提不起劲的良方，却一直遍寻不获；经过许多人的介绍，年轻人终于辗转找到一位传说中的大师。

充满智慧的大师听完年轻人说明来意之后，笑着点了点头，也不多说话，便引导年轻人，来到附近的铁路旁边。

一个老式的蒸汽火车头，此时正停在铁轨上。年轻人到了这个地方，不明白大师的用意，只得安静而慵懒地站在一旁，不敢作声。

大师手中拿着一块大小约有 5 英寸见方的小木块，走到铁轨边，将小木块轻轻地放在火车轮子与铁轨之间，让那木块紧紧地卡着火车头的轮子。

随后，大师朝着蒸汽火车头的驾驶员挥了挥手，示意要他开始启动火车头。只听得汽笛高声响起，蒸汽火车头的烟囱开始冒出浓浓的白烟，锅炉烧得正红，蒸汽火车头的马力已然全开。

年轻人静静地站在一旁，看着驾驶员指挥手下，不断地朝锅炉中添加煤炭，同时将蒸汽火车头的动力开到最大。可是，蒸汽火车头依然分毫不动。

尽管驾驶员用尽各种方法，仍然无法使蒸汽火车头开始前进。这时，大师又走到铁轨旁，将那块塞住车轮的木块取下，只见整个蒸汽火车头立即动了起来，缓缓加速前进。

大师朝着那位驾驶员挥手道别，转过头来，笑着对年轻人道："当这辆蒸汽火车头在铁轨上全力加速之后，时速可以达到100公里以上，再加上它本身的重量，连一堵5英尺厚的实心砖墙，都能够冲得过去！"

大师扬了扬手中的小木块，继续道："可是，当火车头停止在铁轨上时，却只要这样一小块木头，就能让它寸步难移。年轻人，你内心的蒸汽火车头，又是被什么样的小木块所阻住了呢？除了你自己之外，没有任何人能帮你拿掉你的惰性，当然也包括我在内。"

年轻人听了大师的一番话，内心大受震撼。从此以后，他不断地行动，绝不让自己停顿下来。他不仅克服了自己的惰性，更创造了无比惊人的事业。

名人箴言

　　懒惰像生锈一样，比操劳更消耗身体；经常用的钥匙才是亮闪闪的。
　　　　　　　　　　　　　　　　　　——富兰克林

郭沫若苦学成才

郭沫若是我国现代文学史上一位才学卓著的文豪,曾任中国科学院院长。他在文学艺术、历史考古、古文字学以及其他很多方面,都有重要建树。与此同时,他勤奋苦学的精神也十分感人。

郭沫若在读小学一年级时,老师讲历史课——《十六国春秋》,其中有许多胡人的名字,跟外国人的名字一样,非常难记,因而记人名便成为当时历史课的一只"拦路虎"。为了克服这个困难,一天,郭沫若约了一位要好的同学躲进一间阴暗的自修室里,两人苦读硬记,进行比赛,直到把整本历史课本一字一句背得滚瓜烂熟才走出屋子。

在后来的日子里,即使在年假期间,郭沫若都手不释卷,天天苦读。有一年年假期间,他把太史公司马迁写的《史记》,从头到尾通读了一遍,并一篇一篇地进行分析、校订和评价,在旁边写下批注,连《伯夷列传》里有一句被历代注家解释错了的话,他都在阅读过程中发现并加以校正。对其中一些精辟言论和难得的资料,郭沫若视为珍贵财宝,不惜花时间和精力整篇整段地用毛笔把它抄录下来,放在案头,随时翻阅学习。

郭沫若一生写了不少诗词和文章,论著宏富。但他从事著述有个习惯,就是从来不让旁人代为抄写,一律都是自己动手。即使到了晚年,在他年近80高龄撰写《李白与杜甫》这部研究性著作时,因视力减退,有人提议让别人代抄,可他仍然不同意。他的不少书都是前后几次易稿,全都是他亲自逐字逐句地反复进行斟酌、锤炼、修改和抄写而成的。

郭沫若的这种勤奋苦学的精神是值得我们学习的。

■ 名人箴言

　　人生不是一种享乐，而是一桩十分沉重的工作。

——列夫·托尔斯泰

❖ 爱学习的雷锋

　　雷锋小时候没有上过学，也不识字，到了部队，他才开始学文化。在他的刻苦努力下，很快就能看书读报了。

　　一天晚上，一个小学生到电影院看电影，电影开始以前，这个学生发现他前排有一个解放军叔叔，正在聚精会神地看一本厚厚的书。小学生把身子往前面探了探，想看看是本什么书让这位叔叔如此着迷。这么一看，小学生不禁叫了起来，原来这位竟是雷锋叔叔。

　　雷锋转过头，冲小学生笑了笑。小学生赶紧问道："雷锋叔叔，这么短的一点时间，你也看书呀？"

　　"时间短吗？"雷锋笑着反问道："我已经看了三四页了。时间是短，可是看一页是一页呀，积少成多嘛。学习不抓紧时间哪里行？"

　　雷锋总是抓紧一滴一点的时间刻苦学习。他是一位司机，在紧张的运输之中，雷锋永远不忘的是随身带本书。无论走到哪里，只要车子一停，又没有其他事，雷锋就拿出书读上几页。每天出车十个来回，尽管很累，雷锋却一定要先学习一会儿再睡觉，他所谓的一会儿，其实就是到熄灯号吹响。有时号响了，雷锋还不舍得放下书。可是灯继续亮着，必然要影响到战友们休息，他只好离开宿舍另找地方。因此，车场、工具棚、厨房甚至司务长宿舍都成了他夜间看书学习的地方。有时连队干部在工地值夜班，办公室灯亮一夜，雷锋就在那灯下读大半夜。

一天晚上，夜已经很深了，指导员从连部回来，见雷锋还在灯下看书，他拍拍雷锋的肩膀说："要学习好，可休息也少不了呀，快睡觉去吧。"

雷锋点点头说："行，我把这篇文章看完就睡。"指导员一看表，已11点多钟了，就说："今天晚了，还是先睡吧，明天有时间了咱俩一块学习。"

雷锋这才合上书，拎起背包走了。

连队办公室的里屋就是指导员办公室，指导员收拾好，很快就睡着了。一觉醒来，他发现外面还亮着灯，他拍拍自己的脑袋说："怎么连灯也忘关了？"他走出门，想把灯关了。

一出门，他不禁愣了，原来雷锋正在灯下读着书。雷锋怕影响指导员休息，所以刚才先出去了，他在外面转了一圈，看指导员睡着了，又蹑手蹑脚地走回来，打亮灯继续读起书来。

指导员不忍心打搅他，但又怕他熬坏了身体，自己回屋披了件衣服，轻轻走到他身后。雷锋正在学习一本哲学著作，只见书边空白处密密麻麻写满了字，在重要的词汇句子下还画着红道道。

雷锋总是这样，学习勤奋努力，在他的日记里，他这样写道："有些人说工作忙，没有时间学习。我认为问题不在工作忙，而在于你愿不愿意学习，会不会挤时间。要学习，时间是有的，问题是我们善不善于挤，愿不愿意钻。一块好好的木板，上面一个眼子也没有，但钉子为什么能钉进去呢？这就是靠压力硬挤进去，硬钻进去的。由此看来，钉子有两个长处：一个是挤劲，一个是钻劲，我们在学习上，也要提倡这种'钉子'精神，善于挤和善于钻。"

雷锋用这种"钉子"精神，孜孜不倦地读了许多书。

名人箴言

　　钉子有两个长处：一个是"挤"劲，一个是"钻"劲。我们在学习上，也要提倡这种"钉子"精神，善于挤和钻。

——雷锋

◆ 司马迁与《史记》

　　公元前110年前的一天，在一个病榻前，一个病入膏肓的老人拉着儿子的手在交代着："咱家世代做朝廷的太史令，现在轮到你了。你一定要继承祖先的传统，完成我们的著作呀。"儿子含着热泪深深地点了点头，老人这才放心地闭上了眼睛。这位老人就是汉朝的史官司马谈，儿子则是我国著名的史学家、文学家、思想家司马迁，他们谈到的著作正是流芳千古的名著《史记》。

　　2000多年前，孔子完成了《春秋》，而后400多年过去了，中原大地上诸侯争霸，战火连天，直至秦汉一统，天下归一。这其间历史大事众多，仁人志士无数，却没有出现一部新的通史把它们记下来。作为史官，司马谈最大的心愿就是学习孔子的《春秋》，把近500年的历史记下来，以告后人。他不辞辛苦地收集整理了很多材料，不想未曾动笔却命在旦夕，他只好把这一夙愿交给了儿子。

　　司马迁出生在这么一个史官世家，从小接受了良好的教育，加上他聪颖好学，20几岁便做了皇上的郎中官，随皇帝巡游天下，阅历甚是丰富。父亲死后，他继任太史令，开始着手著《史记》。

此时的司马迁30出头，正是英姿勃发的时候。他踌躇满志，成绩显著，深得皇帝赏识。谁知天有不测风云，人有旦夕祸福，正值司马迁青云直上之际，李陵案发生了，司马迁因为主持正义，激怒了皇帝，被投进大牢，施以腐刑。

腐刑是历史上最惨无人道的一种肉刑，无论在肉体上还是精神上对人的打击都是难以忍受的。司马迁的精神几乎要崩溃了，他整日间恍恍惚惚，竟想到了死。然而他又牵挂着他的《史记》，他想起了父亲的嘱托，想起了自己历年的志愿。是痛痛快快地一死以示清白，还是坚强地活下来完成人类几百年的记载，他彷徨着，茫然间他想起了困顿中写就《春秋》的孔子，想起了流放中完成《离骚》的屈原，他们都成了司马迁的精神导师。他们的故事激励着司马迁，为了《史记》，为了祖先的遗愿，司马迁选择了活。

司马迁以坚韧不拔的英雄气概顽强地站了起来，把全部的心血投放在《史记》的写作上。尽管皇帝后来赦免了他，且授予他比太史令更高的中书令，然而这对他来说已经没有意义了。世界上没有比《史记》更让他动心的东西。

司马迁为完成《史记》呕心沥血，历尽艰难。当他研究到战国时代魏国的历史时，在有的书上看到秦国在灭掉魏国时，遭到了魏国的顽强反抗，秦国为灭掉魏国，引用黄河水灌进魏国的都城大梁，淹死了许多人。司马迁总有点不敢相信，为了记述的真实可靠，他决定进行实地考察。他沿着城墙边走边看，想找到一些痕迹。果然，在墙角有一些似水淹过留下的印迹。司马迁仍不肯轻易下笔，他又去访问了老年人，搜集关于当年水淹都城时魏国人民同洪水作斗争的传说。从城里到城外，司马迁一路走，一路观察，访问了无数老人，收集到许多材料。回到家，他把这些材料仔细分析比较，终于确定了秦国水淹大梁城的事实。然后，他才动笔记下了这件史实。

还有一次，司马迁学习《尚书》，发现有一件事，在《尚书》中记载的和其他书上都不一样，到底谁记得对呢？当时，石室、金匮是国家藏书最多的地方，司马迁就到那里查阅。他对古代各国的史记，逐字查阅，仔细研究。那时候，书都是用竹简、木板抄写的，每册书都是一大捆，分量非常重，司马迁搬来搬去，不一会儿就累得气喘吁吁。为了弄清历史事实，司马迁不辞劳苦，夜以继日地翻阅材料，一连查对了上百册史书，才确定还是《尚书》上记载得正确。

正是凭着这种刻苦钻研、注重实际、认真分析、善于总结的精神，司马迁完成了《史记》。《史记》被人称为"史家之绝唱，无韵之离骚"，是我国第一部通史，记载了从传说中的黄帝到汉武帝2300多年的历史。

名人箴言

"神童"和"天才"，如果没有适当的环境和不断的努力，就不能成才，甚至堕落为庸人。　　　　　　　　——维纳

克雷洛夫50岁学古希腊语

彼得堡公共图书馆的馆长奥列宁很爱交友，每当晚饭以后，三五成群的作家、艺术家、演员和音乐家，就会不约而同地来到他的家中，畅叙友谊，谈天说地。有一次，话题转到古希腊语上。研究古希腊语的格涅季奇说，他花了20多年的时间翻译荷马的史诗《伊利亚特》。这时候，克雷洛夫说话了。他说，他决定学会古希腊语，以便阅读荷马的作品和《伊索寓言》的原本。在座的朋友劝他说：

"您已经50岁出头了,要学外语是很困难的。"克雷洛夫回答说:"只要有决心和毅力学习,任何时候都不晚。"

这场谈话不久就被人们遗忘了。两年以后的一天晚上,克雷洛夫和朋友们又聚集在奥列宁家中。突然,克雷洛失拿出许多古希腊文书籍,滔滔不绝地诵读着,翻译着。朋友们愣住了,格涅季奇惊奇得目瞪口呆:因为他知道,学习古希腊语达到如此熟练的程度,要付出多少艰辛的劳动啊!朋友们向克雷洛夫投去了敬佩的眼光。他们仿佛第一次发现:两年来,克雷洛夫的眼睛变坏了,配上了一副度数很深的眼镜……

■ 名人箴言

人们在那里高谈阔论着天气和灵感之类的东西,而我却像首饰匠打金锁链那样精心地劳动着,把一个个小环非常合适地连接起来。

——海涅

◆ 一生勤奋的诺贝尔奖获得者达伦

达伦是1912年诺贝尔物理学奖获得者,出生在瑞典一个不富裕的家庭。高中毕业后,他进入一家工厂当学徒。达伦把工厂当成学校,逢人便问,遇事便学,他不仅把绘图员的工作干得很出色,而且还在工作中自学了机械工程的基础理论。

达伦26岁发明了炼乳机,为一向以外销牛奶而著称的北欧做出了重大贡献。不久,达伦又被提升为工程师,但他决心继续深造。先是一所大学答应录取他,但此事很快被瑞士苏黎世大学知道了。他们特拨给达伦一笔奖学金,欢迎他到苏黎世大学学习。不到两年,达伦就取得了毕业文凭。接着，他又发明了热气透平机，这是机械工业上的一大进步。达伦在设计室经常一关就是几天几夜，有时碰到某一个难点，他往往陷入深思，通宵达旦。他为发明所画的图纸数不胜数。

可以说，达伦的每一个成功，都是勤劳的汗水所凝结而成的。

名人箴言

我从来不知道什么是苦闷，失败了再来，前途是自己努力创造出来的。

——徐特立

博览群书造就的科学家

道尔顿是英国伟大的科学家，他提出了著名的"道尔顿原子论"，被认为是近代化学基础理论的奠基者。

小时候，由于家里很穷，道尔顿13岁就辍学了。但少年道尔顿并没有放弃学习，而是找同学借来课本，在家里自学。由于道尔顿善于动脑筋，他的学习进度比同学还快。他有一位亲戚爱好自然科学，道尔顿就向他学习数学、物理知识。后来，道尔顿自己开设了一所学校，他不仅负责教学生的功课，而且还利用一切时间刻苦读书。

1781年，道尔顿到一所学校当老师，这是一所很简陋的学校，图书馆里却堆满了书。道尔顿看到书架上有这么多书，兴奋极了。从此，他天天坚持不懈地攻读数学知识，努力培养自己运用数学方法分析科学问题的能力。在这段时间里，他还学习天文，观测天气。

道尔顿兴趣广泛，阅读了大量书籍，并能够学为己用。他的读书方法很有独到之处。

第一个特点是书本知识和实验相结合,这使他能够做到学以致用。

第二个特点是他视野开阔,对自然科学和社会科学方面的书都广泛阅读,对哲学著作尤其倾心,这给他的思想方法带来了很大益处。他认为,博览群书,即使看不属于自己研究范围的著作,也大有益处。因为这样,不仅开阔思维,而且能让自己的见识更宽广,知识之间在某种程度上是相通的,只有融会贯通,方能在自己熟悉或不太熟悉的领域里有所收获。

名人箴言

聪明的资质、内在的干劲、勤奋的工作态度和坚韧不拔的精神。这些都是科学研究成功所需的其他条件。

——贝弗里奇

❖ 一位美国妇女的奋起

印度谚语说:改变自身的懒惰,才可以进而改写人生。一位美国妇女的经历再次验证了这句话。

这位美国妇女,名叫雅克妮,她原本是一位极为懒惰的妇人。后来,她的丈夫意外去世,家庭的全部负担都落在她一个人身上。她不仅要付房租,而且还要抚养两个子女,在这样贫困的环境下,她被迫去为别人做家务。每天把子女送去上学后,便利用下午时间替别人料理家务,晚上,子女们做功课,她还要做一些杂务。这样,她懒惰的习惯被克服了。

后来，她发现很多现代妇女外出工作，无暇整理家务，于是她灵机一动，花了7美元买来清洁用品和印刷传单，为所有需要服务的家庭整理琐碎家务。这项工作需要她付出很大的勤奋与辛苦。她把料理家务的工作变为专业技能，后来甚至连大名鼎鼎的麦当劳快餐店也找她代劳。

雅克妮就这样夜以继日地工作，终于使金钱滚滚而来。现在她已是美国90家家庭服务公司的老板，分公司遍布美国27个州，雇用的工人多达8万名。

雅克妮的成功事例，说明了世间的贫穷大多是由于懒惰造成的。如果一个人不愿奋斗，虽不情愿但已习惯于过着贫穷生活的话，那么他就永远无法摆脱人生的困境。如果一个人在别无选择的情况下，一心想依靠勤奋摆脱贫困的生活，那么，他会爆发出一种惊人的力量。如果你渴望成功的话，就做一个远离懒惰的人吧！

■名人箴言

天分高的人如果懒惰成性，亦即不自努力以发展他的才能，则其成就也不会很大，有时反会不如天分比他低些的人。

——茅盾

❖ 主宰命运的海伦·凯勒

海伦·凯勒1880年出生于美国的一个小镇，在她1岁多的时候，一场暴病几乎夺去了她的视、听、说的全部能力，无情的现实把这个小女孩投进了黑暗与寂静、混沌与无知的世界。小海伦7岁时，父母为她请来了一位名叫安妮·莎莉文的启蒙教师，这位教师使海伦的一生发生了极大的转变。

一天，教师把海伦带到水房，用水管中清凉的水滴在她的一只手上，同时在另一只手上拼写"水"字，这使海伦认识到宇宙事物都各有名称。不管是在郊外还是在家里，教师见什么东西就让海伦摸什么，并在她手上拼写摸到的物体的名称，小海伦很快就记住了。海伦要学会说话，盲聋哑学校校长富勒小姐亲自教她，富勒小姐发音时，要海伦把手放在她的脸上，感觉舌头和嘴的牵动情况，然后模仿着发音，慢慢地，海伦开始用嘴说话了。经过艰苦的训练，海伦以超人的毅力学会了英、德、法、拉丁、希腊5种文字，并且掌握了这些文字。

后来，海伦克服了难以想象的困难，以优异的成绩考取了美国第一学府——哈佛大学。21岁时，海伦写了一本自传体的书——《我的生活故事》，轰动了美国文坛。在此后的60年中，她一共撰写了14部著作，成为世界著名的作家。而且，她还把毕生的精力和知识倾注到为盲人和聋哑人谋福利的公共事业中。

名人箴言

卓越的人的一大优点是：在不利与艰难的遭遇里百折不挠。

——贝多芬

◆ 第101次站起来

1955年，张海迪出生在山东半岛文登县的一个知识分子家庭里。5岁的时候，张海迪患了病，胸部以下完全失去了知觉，生活不能自理。医生们一致认为，像这种高位截瘫病人，一般很难活到成年。

在死神的威胁下，张海迪意识到自己的生命也许不会长久了，她为没有更多的时间工作而难过，于是，更加珍惜分分秒秒，用勤奋的学习和工作去延长生命。她把自己比作天上的一颗流星。她在日记中写道："我不能碌碌无为地活着，活着就要学习，就要多为群众做些事情。既然我像一颗流星，我就要把光留给人间，把一切奉献给人民"。

1970年，张海迪随带领知识青年下乡的父母到莘县尚楼大队插队落户。在那里，她看到当地群众缺医少药的痛苦，便萌生了学习医术解除群众病痛的念头。她用自己的零用钱买来了医学书籍、体温表、听诊器、人体模型和药物，努力研读《针灸学》、《人体解剖学》、《内科学》、《实用儿科学》等书。为了认清内脏，她把小动物的心、肺、肝、肾切开观察；为了熟悉针灸穴位，她在自己身上画上了红红蓝蓝的点儿，在自己的身上扎针，体会针感。她以顽强的毅力，克服了许许多多的困难，终于掌握了一定的医术，能够治疗一些常见病和多发病。在十几年的时间里，张海迪为群众义务治病达一万多人次。

后来，张海迪随父母迁到县城居住，一度没有工作可做。她从保尔·柯察金和吴运铎的事迹中寻找力量，从高玉宝写书的经历中得到启示，决定走文学创作的道路，用自己的笔去塑造美好的形象，去启迪人们的心灵。

这以后，张海迪读了许多中外名著，她写日记、背诗歌、抄录华章警句，还在读书写作之余练素描、学写生、临摹名画，学会了识简谱和五线谱，并能用手风琴、琵琶、吉他等乐器弹奏乐曲。后来她成为山东省文联的专业创作人员，她的作品《轮椅上的梦》一经问世，就在社会上引起了强烈反响。

认准了目标，不管面前横隔着多少艰难险阻，都要跨越过去，到达成功的彼岸，这便是张海迪的人生信念。

有一次，一位老同志拿来一瓶进口药，请她帮助翻译文字说明，可张海迪不懂英文，看着这位同志失望地走了，她的心里很不安。从此，她便决心学好英语，掌握更多的知识。从那以后，她的墙上、桌上、灯罩上、镜子上乃至手上、胳膊上都写上了英语单词，她还给自己定下了每天晚上不记住10个单词就不睡觉的规定。

家里来了客人，只要会点英语的，都成了她的老师。经过七八个年头的努力，她不仅能够阅读英文版的报刊和文学作品，还翻译了英国长篇小说《海边诊所》。当她把这部译稿交给出版社的总编时，这位年过半百的老同志感动得流下了热泪，并认真地为该书写了序言：《路，在一个瘫痪姑娘的脚下延伸》。

■ 名人箴言

　　只有那不惧艰险在风浪中英勇搏击的人，才能领悟大海的奥妙。

——朗费罗

◆ 用左脚支撑起的生命

爱尔兰作家克里斯蒂·布朗出生不久便患了严重的大脑瘫痪症。这是一种自己痛苦，别人看了也痛苦的病。

一直到5岁，小布朗还不会说话，头部、身躯、四肢也都不能活动，父母带着他四处求医，可情况始终没有什么好转。最后连家里人也失去了信心，认为他可能要这样过一辈子了。

有一天，躺在床上的小布朗正在看着妹妹用粉笔画画玩，他忽然伸出了自己的左脚，把妹妹手里的粉笔夹了过来，在床沿上乱画起来。

妹妹大声哭喊："给我粉笔！给我粉笔！"哭喊声招来了妈妈。妈妈的眼光没有停留在妹妹身上，而是落在了小布朗的左脚上。她高兴地惊叫道："他的左脚还能动！"

真是喜从天降啊。母亲认为自己的儿子还能在社会上生存下去。她开始教他用左脚写字。布朗的头脑并不笨，他第一天晚上便跟妈妈学会了英语字母"A"。一年后，26个字母就都能用脚写下来了。

他继续刻苦学习，除了写字，还要看书。全家人省吃俭用，节省下钱来为布朗买儿童读物和文学名著。布朗对文学作品表现出了浓厚的兴趣。

随着布朗一天一天长大，他慢慢能说话了。他想要写信、做读书笔记，还想试着练习写作。这样一来，笨拙的左脚趾就不太胜任了。他对妈妈说他要一台打字机。

妈妈迟疑地对布朗说："孩子，买了打字机，你怎么使用呢？你没有健全的手啊！你能学会用脚趾打字吗？"

布朗回答妈妈说："是的，妈妈，我没有健全的手。但我有一只健全的脚，我要成为世界上第一个用脚趾打字的人！"

母亲想方设法替儿子买来了一架旧打字机。布朗把打字机放在地上，自己半躺在一把高椅上，用左脚按动键钮。他像着了迷一样，整天地练习。累了就用左脚趾夹住笔画画。

由于脚趾掌握不好打字的力度，所以刚开始打出的字，不是模糊不清，就是打烂了纸。但布朗一点也不灰心。他仍然着迷似的坚持练习，不管是炎热的夏天，还是寒冷的冬天，他都没有中止过一天。

他的左脚趾长出了老茧。终于，他打出了力度适中、清清楚楚的字，而且还能熟练地给打字机上纸、退纸，还能用左脚趾整理稿件。

布朗学会打字后，写作的愿望变得更加强烈。他把自己想写一部小说的事告诉了母亲。母亲知道儿子是个有决心、有毅力的人，她也理解儿子的心情，可她知道写作比学习打字不知要难上多少倍，她担心儿子一旦失败会承受不了心灵上的创伤，她不想让这个不幸的孩子再受什么伤害，再平添许多痛苦。另外，她也觉得，儿子还是个小孩子，没有多少生活阅历，有什么可写的呢？于是她劝慰儿子："孩子，你有雄心壮志，妈妈很高兴。但是，人生的道路是很曲折的，不像你想的那么简单，万一失败了怎么办呢？我看你还是好好休养，读读小说，画画图图，玩玩打字机就行了，不要想得太多了。你现在年纪还小，等以后再说吧！"

"妈妈，人活着就应该有所追求。我是一个残疾人，丧失了生活中的许多乐趣，别人都看不起我，兄弟姐妹们也把我当成包袱。我要奋斗，我要让人们知道，我不是一个多余的人。"

布朗躺在床上，静静地回忆着自己自记事以来不幸而坎坷的人生经历，决定一定要把自己的生命历程写成一部自传体小说。他在心中酝酿着。

过了几个月，布朗已经用他的左脚打出了他第一部小说第一章的初稿。

他首先把它念给母亲听。母亲被小说主人公的痛苦遭遇和坚强性格深深打动，她流着泪听儿子念完，然后把儿子紧紧搂在怀里，对儿子说："孩子，一定要坚持下去，我相信你会成功！"

不知写了多少个日日夜夜，不知费了母子俩多少心血，不知克服了多少常人难以想象的困难，不知经历了多少次的失败和挫折，终于，在布朗21岁的时候，他的第一部自传体小说问世了。他把它取名叫做《我的左脚》。他想在小说的标题中，就开门见山地告诉人们：我的左脚支撑起了我的整个生命，我的左脚在创造着自己不屈不挠的生活。

布朗虽然只能用左脚来写小说，但这并不妨碍他在文学创作的道路上不断拼搏。16年之后，他的又一部自传体小说《生不逢辰》也出版了。这部小说感情真挚，哲理深刻，故事情节非常动人，语言像诗一般优美。一出版便震动了国内外文坛，成为一部畅销书，短时间内15个国家相继翻译出版了他的书，有的国家还把它改编成了电影。布朗在妻子无微不至的照顾和帮助下，1974年出版小说《夏天的影子》，1976年发表小说《茂盛的百合花》。另外，在1972年到1976年间，布朗还创作出版了3本诗集。他写的最后一部小说是《锦绣前程》。

名人箴言

不幸，是天才的进步之阶；信徒的洗礼之水；能人的无价之宝；弱者的无底之渊。
——巴尔扎克

◆ 一个自强不息、奋进不止的榜样

1967年夏天，美国跳水运动员乔妮·埃里克森在一次跳水事故中，身负重伤，除脖子之外，全身瘫痪。

乔妮哭了，她躺在病床上辗转反侧。她怎么也摆脱不了那场噩梦，为什么跳板会滑？为什么她会恰好在那时跳下？不论家里人怎样劝慰她，亲戚朋友们如何安慰她，她总认为命运对她实在不公。出院后，她叫家人把她推到跳水池旁。她注视着那蓝盈盈的水波，仰望那高高的跳台。她，再也不能站立在那洁白的跳板上了，那蓝盈盈的水波再也不会溅起朵朵美丽的水花拥抱她了。她又掩面哭了起来。从此她被迫结束了自己的跳水生涯，离开了那条通向跳水冠军领奖台的路。

她曾经绝望过。但现在，她拒绝了死神的召唤，开始冷静思索人生意义和生命的价值。

她借来许多介绍前人如何成才的书籍，一本一本认真地读了起来。她虽然双目健全，但读书也是很艰难的，只能靠嘴衔根小竹片去翻书，劳累、伤痛常常迫使她停下来。休息片刻后，她又坚持读下去。通过大量的阅读，她终于领悟到：我是残废了，但许多人残废了后，却在另外一条道路上获得了成功，他们有的成了作家，有的创造了盲文，有的创造出美妙的音乐，我为什么不能？于是，她想到了自己中学时代曾喜欢画画。我为什么不能在画画上有所成就呢？这位纤弱的姑娘变得坚强、自信起来。她捡起了中学时代曾经用过的画笔，用嘴衔着，开始练习起来。

这将是一个多么艰辛的过程啊。用嘴画画，她的家人连听也未曾听说过。

他们怕她会因失败而伤心，纷纷劝阻她："乔妮，别那么死心眼了，哪有用嘴画画的，我们会养活你的。"可是，他们的话反而激起了她学画的决心，"我怎么能让家人一辈子养活我呢？"她更加刻苦了，常常累得头晕目眩，汗水把双眼弄得咸咸地辣痛，甚至有时委屈的泪水把画纸也滴湿了。为了积累素材，她还常常乘车外出，拜访艺术大师。好些年头过去了，她的辛勤劳动没有白费，她的一幅风景油画在一次画展上展出后，得到了美术界的好评。

不知为什么，乔妮又想到要学文学。她的家人及朋友们又劝她了："乔妮，你绘画已经很不错了，还学什么文学，那会更苦了你自己的。"她是那么倔强、自信，她没有说话，她想起一家刊物曾向她约稿，要她谈谈自己学绘画的经过和感受，她用了很大力气，可稿子还是没有写成，这件事对她刺激太大了，她深感自己写作基础差，必须一步一个脚印地去学习。

这是一条满是荆棘的路，可是她仿佛看到艺术的桂冠在前面熠熠闪光，等待她去摘取。

是的，这是一个很美的梦，乔妮要圆这个梦。终于，又经过许多艰辛的岁月，这个美丽的梦终于成了现实。1976年，她的自传《乔妮》出版了，轰动了文坛，她收到了数以万计的热情洋溢的信。又两年过去了，她的《再前进一步》一书又问世了，该书以作者的亲身经历，告诉残疾人，应该怎样战胜病痛，立志成才。后来，这本书被搬上了银幕，影片的主角就是由她自己扮演，她成了青年们的偶像，成了千千万万个青年自强不息、奋进不止的榜样。

名人箴言

让年轻人在荆棘中留下一点羽毛，有益于健康。

——罗曼·罗兰

❖ 逆境中孜孜求学的徐向前

徐向前小时候，家境很贫穷，全家人都做力所能及的劳动才勉强维持生活。徐向前7岁多的时候，冬天每天早上得和哥哥拾一筐粪，夏天每天得去地里割草、挖野菜、采树叶。

10岁那年，父亲送他进了村里的私塾学习，他经常受到老师的夸奖。1914年，他转到东冶镇学校读高小。在这里，他学语文、算术、英语、历史、地理等课程。徐向前在这个崭新的天地，感到眼界开阔了，头脑清晰了，求知的欲望也更强烈了。他看了许多书报杂志，知道了孙中山、辛亥革命、民主共和、反袁斗争等等。

可惜这段时光很快就过去了，家里的生活一天比一天困难，爸爸只好决定哥哥继续读书，向前回家劳动。这时他不满15岁。母亲想让他学木匠，做个手艺人，父亲不同意，叫他去店铺当学徒。几经周折，徐向前到了离家200多里的河北省阜平县，在一家书店当了学徒。学徒的生活很苦，那是一家门面很小的书店，卖书也卖百货。他每天天不亮就要起来挑水、扫院子，还要给老板倒尿壶、做饭、劈柴、纺线、磨面。最苦的活要数磨面了。两头大骡子拉磨，一天要磨6斗麦子。牲口轮流换，不满15岁的徐向前却要一箩一箩把面筛出来，一个人顶到底。一天下来，腰酸腿疼，躺下就不想动，半夜还得起来两次，给骡子添草料。老板做梦都想发财，对学徒狠极了，挨打受骂是徐向前当学徒时经常遇到的事。

冬天，老板叫他去讨债。欠债的多是穷人。善良的徐向前同情穷人，往往是路跑了不少，钱没要回多少。老板骂他威胁他："再要不回来就扣工钱！"徐向前说："扣工钱我也要不回来！""你爱找谁找谁，我不干了！"

年终结账的时候，老板发给他3块大洋，尽管这钱很少，可他很高兴，因为他从来没拿过这么多钱。他给母亲买了点东西，又买了年货，剩下的回家交给了父亲。徐向前在当学徒时最醉心的事是闲时在书店看书。他看了《三国演义》、《西游记》、《水浒传》、《史记》等书。书中那些忠贞报国、为民除害、驰骋疆场的故事使他十分感动，他非常崇拜这些豪杰。

老板见徐向前看书，心里不高兴，白天就给他加活计，晚上催他早睡觉。徐向前看书入了迷，有时甚至忘了干活。但他还是想办法把店里所有的小说都读了一遍。徐向前的学徒生活一共两年。应该说，这也等于上了学。在这个"学校"受到的教育，比正规学校更深刻、更实际。

在徐向前青少年时期，读书、当学徒占去了12年的时光。艰苦的磨炼，在他年轻的心灵深处刻下了难忘的印记。

■名人箴言

你必须在额头上流汗，以资获得你的面包。

——列夫·托尔斯泰

❖ 曾国藩与小偷

没有人能只依靠天分成功。上帝给予了天分，勤奋将天分变为天才。

曾国藩是中国历史上最有影响的人物之一，然而他小时候的天赋却不高。

有一天他在家读书，对一篇文章重复不知道多少遍了，还在朗读，因为，他还没有背下来。这时候他家来了一个贼，潜伏在他的屋檐下，希望等读书人睡觉之后捞点好处。可是等啊等，就是不见他睡觉，还是翻来覆去地读那篇文章。贼人大怒，跳出来说，"这种水平读什么书？"然后将那文章背诵一遍，扬长而去！

贼人是很聪明，至少比曾先生要聪明，但是他只能成为贼，而曾先生却成为毛泽东主席都钦佩的人，被称为："近代最有大本夫源的人"。

"勤能补拙是良训，一分辛苦一分才"。那贼的记忆力真好，听过几遍的文章都能背下来，而且很勇敢，见别人不睡觉居然可以跳

出来"大怒",教训曾先生之后,还要背书,扬长而去。但是遗憾的是,他名不经传,曾先生后来启用了一大批人才,按说这位贼人与曾先生有一面之交,大可去施展一二,可惜,他的天赋没有加上勤奋,变得不知所终。

伟大的成功和辛勤的劳动是成正比的,有一分劳动就有一分收获,日积月累,从少到多,奇迹就可以创造出来。

■ **名人箴言**

假如你有天赋,勤奋会使它变得更有价值;假如你没有天赋,勤奋可以弥补它的不足。 ——乔·雷诺兹

❖ 苦练出来的笑脸

作为美国前职业棒球明星,威廉·怀拉在40岁时因体力不济而告别体坛另谋生路。他琢磨着,凭自己的知名度去保险公司应聘推销员不会有什么问题。可结果却出乎意料,人事部经理拒绝道:"吃保险这碗饭必须笑容可掬,但您做不到,无法录用。"

面对冷遇,怀拉没有打退堂鼓,他决心像当年初涉棒球领域那样从头开始学习"笑"。由于天天要在客厅里放开声音笑上几百次,邻居产生误解:失业对他刺激太大,他的精神出了问题。为了不干扰邻居,他只好把自己关进卫生间里练习。

过了一个月,怀拉跑去见经理,当场展开笑脸。然而得到的却是冷冰冰的回答:"不行!笑得不够灿烂。"

怀拉天生就是一个执著的人,他回到家里继续苦练起来。一次,他在路上遇见一个熟人,非常自然地笑着打招呼。对方惊叹道:"怀

拉先生，一段时日不见，您的变化真大，和以前判若两人了！"

听完熟人的评论，怀拉充满信心地再次去拜见经理，笑得很开心。

"比以前好点了。"经理指出，"然而还不是真正发自内心的那一种。"

怀拉不气馁，再接再厉，最后终于如愿以偿，被保险公司录用。这位昔日棒球明星严肃冷漠的脸庞上，绽放出发自内心的、婴儿般的笑容。那笑容是那样天真无邪，那样讨人喜欢，令顾客无法抗拒。就是靠这张并非天生而是苦练出来的笑脸，怀拉成了全美推销保险的高手，年收入突破百万美元。

威廉·怀拉发自内心地说："人是可以自我完善的，关键在于你的热情。"任何人都会有热情，不同的是，有的人只有30分钟的热情，有的人热情可以保持30天，而一个成功者却能让热情持续30年乃至终生。热情激发出我们的潜能，让我们发挥出无穷的活力，是热情让怀拉笑迎挫折，最终成功。

■名人箴言

不存在没有热情的智能，也不存在没有智能的热情，如果没有勤奋，也不存在热情与才能的结合。

——约瑟夫·伦米利